江苏省高等学校评优精品教材

丛书主编 孔 敏

高职高专计算机系列规划教材

• JAVA技术与实训系列教程

JAVA
程序设计方法基础及实训

孔 敏 朱寅非 主 编
井 辉 谭 凯 云 岩 参 编

南京大学出版社

图书在版编目(CIP)数据

JAVA 程序设计方法基础及实训 / 孔敏,朱寅非主编.
—南京：南京大学出版社,2016.2(2018.9 重印)

高职高专计算机系列规划教材. JAVA 技术与实训系列教程

ISBN 978-7-305-16495-8

Ⅰ. ①J… Ⅱ. ①孔…②朱… Ⅲ. ①JAVA 语言-程序设计-高等职业教育-教材 Ⅳ. ①TP312

中国版本图书馆 CIP 数据核字(2016)第 013967 号

出版发行 南京大学出版社
社　　址 南京市汉口路 22 号　　邮　编 210093
出 版 人 金鑫荣

丛 书 名 高职高专计算机系列规划教材・JAVA 技术与实训系列教程
书　　名 JAVA 程序设计方法基础及实训
主　　编 孔 敏 朱寅非
责任编辑 刘 洋 吴 汀　　编辑热线 025-83592146

照　　排 南京紫藤制版印务中心
印　　刷 虎彩印艺股份有限公司
开　　本 787×1092 1/16 印张 16.25 字数 387 千
版　　次 2016 年 2 月第 1 版 2018 年 9 月第 2 次印刷
ISBN 978-7-305-16495-8
定　　价 40.00 元

网　　址:http://www.njupco.com
官方微博:http://weibo.com/njupco
官方微信:njupress
销售咨询热线:025-83594756

前　言

Java语言是美国SUN公司1995年推出的面向对象的程序设计语言，该语言充分考虑了互联网时代的特点，在设计上具有跨平台性、面向对象、安全等特性，因此一经推出就受到IT界的广泛重视并大量采用，同时也成为教育界进行程序设计教学的一门重要编程语言。

本书为谁而写？

本书为新程序员和新学习Java程序设计语言的人员而写，是入门级培养，旨在培养面向对象程序设计思想和方法。通过本书学习后，基本上可以展开对其他面向对象程序设计语言的学习，或者继续在Java程序设计水平领域作更深入的学习。

写给已掌握其他程序语言的程序员的话：

如果你已经掌握了其他程序设计语言，想拓展自己的程序设计技能，寻求更高的薪酬，应该选择继续学习什么语言？建议到智联招聘网，查看一下企业招聘对程序设计语言人员的需求，你就可以确定应该在Java语言上有所突破。Java已经渐渐地渗透到各领域，如手机中竟然都提供"Java世界"链接功能。

Java采用虚拟机器(JVM)机制，支持执行Java程序。有了JVM，Java程序就可以在不同的平台上执行，也就是所谓的"写一次，到处运行"。你可以写出Java应用程序在不同平台上运行；可以写出Java applet，在网页浏览器上执行；甚至可以用Java写出数据库的存储过程，与不同数据库管理系统连接。在程序设计的领域中，Java几乎是必备的技能。

Java提供丰富的应用程序接口Java APIs：APIs是一组预先定义好的类别，可以在你的程序中直接调用。Java的API是珍贵的宝藏，帮助我们像程序设计高手一样写出功能强大的程序。数据库连接API、网络程序API、GUI程序API、数字影像处理API、音乐文件处理API、字符串剖析API、数字签章API……丰富多彩！

Java 提供内存回收机制：C++的程序员很辛苦，必须直接配置一块内存，这块内存不用时还必须主动归还。Java 自动回收不再使用的程序内存，称为“垃圾收集(garbage collection)”，垃圾收集机制使得写程序时轻松许多。

Java 提供异常处理机制：Java 异常处理机制允许你事先编写异常应急预案，处理程序运行时发生的异常。

SUN 公司提供免费使用 Java 机制：免费提供 Java 相关的工具，开发与执行 Java 程序。

写给寻找入门编程语言学习的新程序员的话：

一个人出生后先学法语、英语还是中文，没有定论。一般都是首先掌握用母语思考问题、交流思想的方法，然后再学习其他语言，此时只是学习不同语言的表达方式和交流技巧。传统的结构化或非结构化程序设计思想，与现实世界不能很好吻合，在开发一个大的信息系统时，也很难进行团队合作。面向对象的程序设计方法能够很好地模拟现实世界，是当代程序员所必须建立的程序设计思维方法。Java 语言如此风行，Java 语言的思维方式代表着现代程序设计的思维方式，那么新程序员的入门语言应该是学习业界广泛流行的Java程序设计语言。将 Java 语言作为你设计程序的母语，培养 Java 语言的思维方式，就会建立正确的、现代的程序设计思维方式。Java 已经或将变成程序员共同的语言。

写给教师的话：

一般认为学生如果先学其他语言，再学 Java 语言，教学难度小一些。诚然，掌握其他语言后，再学习 Java 时好像容易了，但是学生在先学习其他语言时，所花费的时间和编程思路的建立难度是一样的。大多数从事程序设计语言教学的老师，都有这样的体会：教完一门程序设计语言后，尽管学生对数据类型、变量命名、控制结构等等语言表达技巧掌握得很好，可是一旦遇到一个真实的程序开发问题，学生就不知道从何入手。我们认为，一种思维方式的建立，比一种语言的学习更为重要。要想培养一个程序设计高手，首先要培养学生学会用程序设计的思维方式去分析现实世界，找出解决方案。本书争取成为这样一本教材：希望教材与教师一起成为领路人，启发式地带领学生深入程序设计的思维空间，而不局限在语句的讲解之中。本书的写作力求为教师和学生减少教学和学习的难度；力求娓娓道来；力求通过生活场景、学习场景激发学生自主思考；力求通过生活场景对比讲解理论；力求通过实训技能训练加强对理论知识的了解。

怎样使用本教材？

本教材突破传统的程序设计语言体系化的编写方法，注重编程思路和学习路径的建立，内容组织深入浅出，适合教师讲解以及学生自学，不要求学生有任何前期其他程序设计语言基础。

本书目标：

本教材的目标是使学生能初步了解面向对象的一些基本概念及如何运用面向对象的思想来分析现实生活中的一些现象；借助 Java 程序设计语言学习面向对象的编程思想、方法和技巧，为今后学习其他程序设计语言或更多更深地学习 Java 语言应用，打下坚实的基础。

第 1 章至第 2 章是程序设计的方法基础，必须深刻理解和掌握，包括面向对象程序设计和分析的思想和简单描述方法、基本的算法思路和描述方法；第 3 章至第 11 章介绍 Java 程序设计的基本原理和方法，也要求深刻理解和掌握，包括面向对象的分析与设计、基本的算法描述、Java 程序设计语言结构、类与对象的创建、字符串、数组、异常处理；方法重载、内部类、系统类、继承、接口和包的概念。10 个实训设计配套书中章节内容，手把手地引导学生进入程序设计的世界，加深理解和掌握面向对象语言的思想、开发和应用，这是本教材的特色所在。最后附加的两套模拟试题，主要帮助学生检查学习情况。

本书使用方法建议：

“模拟试题”可作为知识与技能考核的参考。

每章节中生活场景与学习场景的描述，用来启发学生的联想。总之，学习结束后，学生应该树立这样的观点，程序设计语言就像我们生活中的语言一样，是描述现实世界的问题解决方案和方法的。

每章节中“读一读”作为课堂导学，帮助加深理解教学内容的材料；“练一练”可作为课堂讨论的材料。这些基本上为伴随教学进度而设计，帮助教师很好地把握课堂进度和教学气氛。

“本章实训”作为实训内容的布置和引导。实训演练是学好 Java 的必经之路，要求学生必须逐一完成。

“本章习题”作为课后复习材料，加深对章节内容的理解。

教学过程建议：

建议课程教学总学时数为 80 学时，5 学分。其中授课 44 学时，实训 36 学时。也可以强调学生主动自学，减少授课课时。

授课讲解	实　训			目　的
内　容	学时	内容(实训部分)	学时	
第 1 章　面向对象的分析与设计	4	实训 1	2	入门级学习：培养面向对象程序设计的思路和方法，学会 Java 程序设计语言基本规范和编写等。
第 2 章　程序设计入门	4	实训 2	2	
第 3 章　Java 应用程序基本结构与成分	4	实训 3	2	
第 4 章　分支控制与循环控制语句	4	实训 4	2	
第 5 章　类与对象编程初步	5	实训 5	4	
第 6 章　再论类成员	4	实训 6	4	
第 7 章　方法重载、内部类、系统类	5	实训 7 Part 1	4	
第 8 章　字符串	3	实训 8 Part 2	2	
第 9 章　数组	3	实训 8 Part 1	2	
第 10 章　继承、接口和包	4	实训 7 Part 2	4	
第 11 章　异常处理	4	实训 8 Part 3	2	
自　学		实训 9 综合实训	4	引导级学习：展开一个个新的技术天地，引导学生继续探索。
自　学		实训 10 API 帮助实训	2	
合　计	44		36	

注：任课教师可视教学进度机动安排，可针对具体学习对象选择入门级学习或学习全部内容。

Java 技术网上学习资源：

1. SUN 公司英文在线教程：http://docs.oracle.com/javase/tutorial/，包括众多主题优秀自学教程，其中有很多代码实例。

2. IBM 公司中文 Java 在线技术：http://www.ibm.com/developerworks/cn/java/

怎样使用“JAVA 技术与实训系列教程”？

本“JAVA 技术与实训系列教程”主要培养 Java 技术体系知识和技能，包含三本教程：本教材为第一本，是入门基础篇，主要介绍面向对象程序设计的基本理念及概念；第二本为《JAVA 程序设计及实训》(高级)，是进阶篇，内容涉及常用的 Java 应用编程知识和技能，包括图形化界面设计、常用数据结构对象、文件输入/输出、数据库连接(JDBC)、网络编程、图形与图像、Java 与多媒体以及 Java 多线程等；第三本为《JAVA Web

开发与实训》，也是本系列教程的终结篇，内容涉及专用的 Web 应用编程知识和技能，主要包括 JSP、JavaBean、Servlet、JDBC、Tomcat 相关配置及 JS 等。本 Java 系列教程包含了完整的 Java 技术体系所应有的知识架构，读者学完这三本教程，则具有独立编写一定规模的 Java 应用程序和 Web 开发的能力，具备 J2EE 拓展学习能力。

本书作者介绍

丛书主编、本书主编孔敏：博士、教授、高级工程师，具有十几年的软件项目开发经验和十几年软件相关专业人才培养的教学和教学管理经验。伴随着我国计算机应用的起步和发展，先后使用过 QBasic、Fortran、Prolog、Lisp、Java、汇编语言等数十种程序设计语言。深刻理解到通过一门程序设计语言的教学，主要培养学生程序设计思路和方法，侧重培养学生举一反三的学习能力。

本书主编朱寅非：副教授，毕业于新西兰惠灵顿维多利亚大学，带来了西方 Java 程序设计语言的教学思想和方法，最早为大一新生直接开设 Java 课程，有 13 年的 Java 教学和科研工作经验，发表的 Java 专业论文被 EI 检索。

编者井辉：副教授，从事软件技术专业教学十余年，有丰富教学经验和实践经验。主要研究方向为软件工程与物联网技术，拥有实用新型技术专利 5 项。

编者谭凯：研究实习员，具有多年教授 C＃、Java 等信息技术类课程教学经验和实验环境支持经验。

编者云岩：中国计算机基础教育学会理事，从事软件技术专业教学十余年，主要教授 Java 等编程类课程，有丰富教学经验和实践经验。

本教材受江苏省重点专业群项目和南京市重点专业建设项目支持。感谢张月、夏孝云、田明君参与本门精品课程建设。

编　者
2016 年 1 月

目　录

第 1 章 面向对象的分析与设计

学习目标

- 了解面向对象概念
- 体会确定对象的方法
- 掌握图形化对象描述方法
- 了解怎样测试对象有效性
- 了解面向对象软件开发的主要步骤

生活场景

某大型服装公司利用产品目录清单销售服装，由于业务量大大增加，该公司需要建立一个客户订购系统。该公司服装产品目录每月更新一次，并且需邮寄给客户。目录中包括抛售商品、每月的特价商品和正常价格的商品，也就是说，一件服装的价格可能每个月都不同，所以客户订购商品时，必须确定采用哪个月的产品目录以便确定价格。如果客户所选用的产品目录是 6 个月以前的，则根据当前的产品目录来决定订购货物的价格。

客户可以给客户服务代理打电话、邮寄订单或用传真发送订单。客户邮寄或传真过来的订单由订单录入员完成录入工作。另外，该公司希望能够通过 Internet 来传送和输入订单，客户可以根据本月的产品目录定价联机订购物品。

在订单输入系统后，首先检查每个订购项目的存货情况，如库存数量满足订单需求，就必须检查是否收到支付款(该公司接受支票和所有主要的信用卡付费方式)，收到货款后，订单就交给仓库以便配货。

学习场景

假设受命为这家服装公司开发一个客户订购系统，为该系统设计一整套的解决方案，应如何实施？如何使用面向对象的方法来整体地构建该客户的订购系统？

首先，必须要知道该系统中有哪些人参与进来；有哪些数据需要记录；有哪些事情需要处理；这些参与者、数据、处理之间有哪些关系？用面向对象的语言来说就是客户订购系统有几个对象？对象之间的关系如何？各个对象自身的功能和特性是怎样的等一系列的问题。

本章就是来告诉你在面对一个实际的问题时，如何采用面向对象的方法去分析和解决问题。

大千世界，林林总总，任何一个复杂的事物都是由一个个较简单的事物构成的，人们在研究和了解它们时，总是把一个复杂事物分解成一些简单事物加以理解和处理。而面向对象程序设计方法，符合人的这种认知规律，使人们在解决生活中的复杂问题时，可以借助面向对象这一强大的分析和设计工具。

本课程利用 Java 语言来实现面向对象程序设计。在正式学习 Java 语言之前，必须学会用面向对象的思想去分析实际问题，提出面向对象的解决方案。

1.1 面向对象概述

面向对象采用系统建模技术，将系统看作是由一些相关的对象构成的，对象之间可以交互作用。通过建模把系统中所涉及的对象、过程和规则联系起来，形成一个完整的解决方案。任何系统都需要通过这些对象来工作，系统“要求”对象为它工作，就像领导向下属分派工作任务一样。不同的对象可能对外表现为不同的特性和功能，系统将一个复杂的任务分解成若干简单任务，并把这些任务分配给适合的对象完成，最终协调它们的处理过程来完成原来的复杂任务。通常把涉及处理实际问题所有相关事物所构成的系统称为一个问题域。

所有对象和类都有属性(特征)，如大小、名称、形状等。可以对对象进行操作，即让对象做它可以做的事情，如打印、计算、查询等。

确定一个问题域中的对象是一种艺术，而不是一门科学。对象的确定取决于相关环境、建模者的观点，也取决于用户。

面向对象分析设计方法，就好比分析设计一台机器：先分析设计各个对象，即组成该机器的各种零件，再设计各个零件的相互驱动和合作，最终完成机器总体功能的设计。

作为组成某种机器的零件，它总是通过自身的某个动作去影响与其关联(衔接)的其他零件，如一个齿轮的转动可以引起与其连接的其他齿轮或杆的运动。那么，一个对象是如何去影响与其关联的其他对象的呢？它们是通过对象的“操作”(“方法”)实现的。一个对象可以通过一个“操作”(“方法”)去改变另一个对象的属性，或者去“触发”另一个对象的“操作”(“方法”)，引起连锁动作，最终完成一项用户交给的任务。

1.2 确定对象

面向对象的思想认为任何系统都是由组成该系统的各个部分组成；每个部分可以抽象成为一个对象或一个对象集合；系统中的各个对象通过分工协作来完成系统的设计目标。面向对象的分析设计 OOAD，努力按照系统在现实生活中的情形对其进行描述。OOAD 的关键在于怎么发现对象和描述对象。

1.2.1 发现对象

如何应用面向对象分析设计方法来分析服装公司的需求，描述客户订购系统？这个系统非常复杂，看起来毫无头绪，如何去确定构成系统的对象，包括它们之间的联系、属性和方法？

解决之道——分解。就是要把复杂的问题分解成为若干简单的问题，把复杂的系统分解成为若干简单的系统。那么，如何分解？就是对用户的总体需求做适当的分解，在需求中发现对象和修改对象。

5种常用的发现对象的方法是：

可感知的物理实体　如飞机、汽车、房屋等；

人或组织的角色　如医生、教师、雇主等；

应该记忆的事件　如飞行、演出、访问、交通事故等；

两个或多个对象的相互作用，通常具有交易或接触的性质　如购买、纳税、结婚等；

需要说明的概念　如政策、版权法等。

寻找问题域描述中出现的名词，也是发现系统中对象的方法之一。但要注意有些名词是集合名词，或是其他名词的变体；另外还要区分名词所代表的是系统的使用者(参与者)，还是系统的组成部件(对象)等。也就是说，要区分机器零件和操作工之间的区别，还要注意对象的颗粒度的选择。

例如，假设要设计模拟一台机械设备运行状况的程序，则组成该机器的零件就必须要抽象为对象；但对于一个出售该机械设备的销售商来说，这台机器的整体就可以作为一个对象来处理，因为他并不关心机械的运行原理，只关心机器整体对外表现的性能。这些内容都要注意区别，取舍要得当。在面向对象程序设计中，主要的挑战不是找到问题域的对象，而是找到符合需求的正确对象。

在实际应用中，往往找不到与所述名词语义相近的对象。这很可能是用户本来就没有较完整和明确地表述自己的需求(事实也确实如此)，就要求设计者不断地小步实现需求，征求用户意见，再改进，再征求，如此迭代生成最终的对象设计；另一种可能是，用户将设计者所描述的对象用另一个名称替代了。例如，配货员将“订货单”说成“配货单”，但从系统应用的角度来看，“订货单”和“配货单”的意义是完全相同的；还有一种可能是，用户所描述的概念，已经作为另一个对象的属性出现了，也就是说，用户描述的内容可能不是一个对象，而是一个属性。当然，在实际应用中还可能有其他的问题，需要仔细加以分析和判断。

读一读　1-1

根据服装公司客户订购系统的总体需求，需要建立哪些对象？

解：

在本章“生活场景”中，已经完成对客户订购系统的问题域描述，这也是系统总体需求。

1) 依据问题域的描述，根据“人或组织的角色”确定对象

服装公司的客户订购问题域中主要涉及的人和组织有：“订单录入员”、“客户”、“银行出纳员”、“公司”和“银行”等名词概念。“订单录入员”是该系统的使用者，所以不应设为该系统的对象。“客户”需要根据公司的产品目录，订购某件服装，公司则需要知道“客户”的一些必要信息，如名称、地址、电话、传真等，可知，“客户”应该抽象为对象。对于该公司而言，“银行”和“银行出纳员”不是它非常感兴趣的概念，因此不需要将其抽象为对象。

2）依据问题域的描述，根据“应该记忆的事件”确定对象

客户订购某件服装后，公司需要建立一张订单凭据，记录客户订购详细信息和处理方法，所以应该创建一个“订单”对象。

3）依据问题域的描述，根据“可感知的物理实体”确定对象

该公司销售大量衬衣（或其他类型的衣服），是一个可感知的物理实体，则可能需要建立一个“衬衣”对象。但是，如果衬衣在该公司的业务中不占很大的业务量，而且只有一种衬衣，则可能只设计一个“Clothing（服装）”对象。在此，“服装”的概念要比“衬衣”的概念大，称作对象的颗粒度。至于颗粒度的大小，要根据实际用户的需求来确定。

至此，服装公司客户订购系统至少需要建立“订单”对象、“客户” 对象和“衬衣”对象来构成。

1.2.2 描述对象

对象分解成功后，如何来描述它？在面向对象的分析和设计方法中有一整套较完备的对象描述方法，这就是利用“属性”和“方法”来描述一个对象。

“属性”可以理解为描述某个对象存在状态、特性、归属等信息，例如，在“订单”对象中，“日期”就是该对象的一个属性，用于说明订单的产生时间。

“方法”可以理解为完成对上述“属性”的更新、替换、输出等操作，例如，在“订单”对象中，getDate()方法将完成输出某个订单对象的产生时间的功能。至此，可以给出如图1-1所示的服装公司客户订购系统中的对象图。

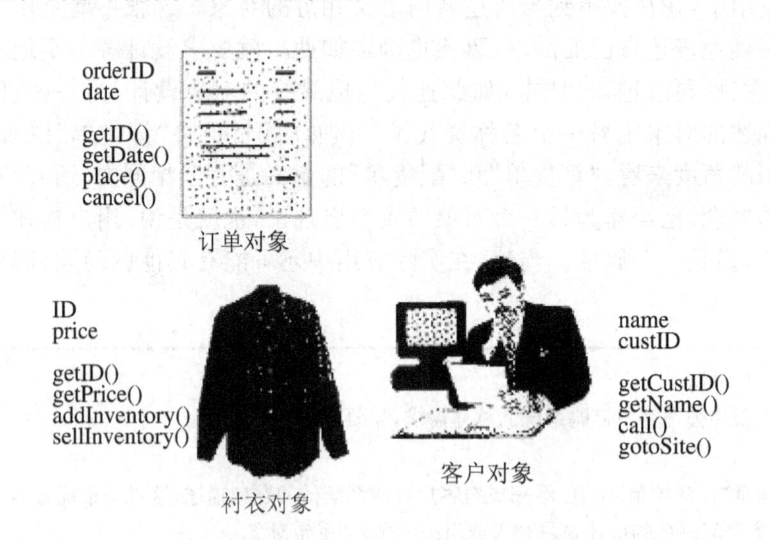

图1-1 服装公司客户订购系统中的对象

一个系统的对象具有如下特征：

➢ 对象可能简单也可能复杂——可以是一个机器零件，也可以是一台机器；

➢ 对象可以是真实存在的，也可以是概念上的——一个银行账户是一个概念，而非现实实体；而客户则是实际存在的；

➢ 对象有属性和操作——属性是指对象的特性,如:账户的账号、账户的拥有者、账户余额等;操作是对象可以做的事情,如下订单或取消订单等。

练一练　1-1

随着人们生活水平的提高,出现了一些专门为宠物主人寄养宠物的"宠物托儿所"。例如有一个"小猫托儿所"想把他们的业务进一步电子化,于是该"托儿所"的经理提出了如下需求和信息。以下是问题域描述:

该"托儿所"的容量可以一次容纳320只小猫。该所共有3种入托模式:

1. 小时看护收费模式:客户按每小时2元交纳看护费用,三餐费用另算(每餐0.5元),不满1小时的按1小时计算;

2. 短期看护收费模式:宠物看护时间超过24小时但不到168小时(7天)的,按短期看护收费模式计费,客户每天交纳20元的看护费;

3. 长期托管模式:宠物看护时间超过168小时的按长期托管模式计费,客户每天需交纳18元的看护费外,另外还需交纳每周10元的宠物体检费用。

若要按上述标准设计一个"小猫托儿所"收费系统,请用面向对象的分析方法分析一下,该系统可能有哪些对象?

解答:

1.3　测试对象有效性

选定了对象后,需要测试对象是否有效,即在系统的实现中是否必需。一般要从以下几点来考察某一事物是否应该抽象成对象:

➢ 与问题域的相关性;
➢ 独立存在性;
➢ 属性和操作。

1.3.1　问题域的相关性

将系统所涉及的所有需求称作一个问题域。在测试对象与问题域的相关性时,主要从以下几点入手考察：

➢ 对象是否在问题域的界限内？例如，“银行”对象就不在该服装公司客户订购系统的问题域中，可以不设计“银行”对象；

➢ 系统是否必须通过此对象才能完成任务？例如，在客户订购系统中，如果不设计一个名为“银行账户”的对象，该系统就不可能实现与客户之间的资金流通；

➢ 在用户与系统的交互中是否必须有此对象？例如，若没有设计“订单”对象，订单录入员就不能录入订单。

1.3.2 独立存在性

运用面向对象的程序设计方法时应该注意，在问题域中使用或定义的对象必须是相互独立的。对象之间也可以存在一定的关联，但是对象本身必须是独立的。例如“订单”和“客户”是相互关联的，但彼此又是相互独立的，所以，它们可以是问题域中的对象。

在评估一个对象是否能独立存在时，还要检查该对象是否可以作为另外一个对象的属性。若是，则独立性弱，反之则强。系统中某个对象不存在时，会引起另一个对象失去存在的意义，则后者应该作为前者的属性出现在系统中，而不是一个新对象。

例如：服装公司的客户订购系统设计中，是否需要建立一个“电话”对象？在该系统中若“客户”对象没有出现，则“电话”对象就失去了其存在的意义。实际上，电话的信息应该从属于“客户”对象，因此，电话作为“客户”对象的属性出现更为合理。

当然，也不是要求所有的对象都应该具有其存在的独立性。有时，在设计系统时，还需要将本属于某个对象的属性从对象中分离出来，作为一个单独的对象来处理。在设计客户订购系统时，就应把“银行账户”从“客户”对象中分离出来，单独抽象成为一个“银行账户”对象。因为每个“客户”对象都需要进行“银行账户”的存取操作，若将“银行账户”从“客户”对象中分离出来，则原来在“客户”对象中要实现的对银行账户的操作，就被定义在“银行账户”对象中了，所有的“客户”对象可以公用同一个存取操作对自己的银行账户进行管理，这显然更加合理。

1.3.3 属性和操作

既然对象好比机器零件，而零件都有其自身规定的大小、尺寸和形状。怎么区分不同大小、相同类型的零件？一般都是将相同类型的零件进行归类，按照尺寸等进行标识，这就是面向对象分析方法中的类和属性的概念。对象通过自身的“属性”(特征)来说明对象自身性态。

对象必须有属于自己的属性和操作。如果无法对一个对象定义属性和操作，则该对象就可能不是对象，而是另一个对象的属性或操作。

练一练 1-2

请利用本节所介绍的 3 种测试对象有效性的方式，来测试你设计的“小猫托儿所”收费系统中的对象是否有效。

1.4　确定对象的属性和操作

前面已经介绍了寻找问题域中对象的一般方法，接着需要指定对象的属性和方法。如前所述，属性是特征，操作是动作。

➢ 换句话说属性就是知识，是用来描述系统对象存在状态的信息。如："银行账户"对象的"账户余额"属性，记录了储户银行卡或存折中的存款情况；

➢ 操作则是指根据对象的当前状态，来做某些事情。例如，对某个"银行账户"进行存、取款操作。

1.4.1　如何确定对象属性和操作

通常将问题域描述中的"名词"作为对象的候选者，将"形容词"作为确定属性的线索，将"动词"作为关联或操作(服务)的候选者。从问题域中挑出很多"名词"和"动词"后，再将无关紧要的词从中剔除。一般来说，找到对象后，就可以找出它们所具有的属性。

1. 确定对象的属性：把"形容词"作为确定属性的线索。

例如：系统分析员在对"订单录入员"进行访谈时，了解到"订单录入员"最关心的是某个订单的订购日期、订购货物种类、订购的数量等信息。这里有个技巧，在做系统需求研究时，经常询问系统的使用者，(例如一位配货人员)需要什么信息，他们一般会这样回答——我需要知道订货单的货单号、客户的编号，等等。请注意他们回答语句的语法结构——某某的某某，即一个偏正关系的词组。其中"的"字的前面是一个起到限定作用的名词，"的"字之后则是一个被修饰的名词。例如："订货单的货单号"。在系统对象已经基本确定的情况下，可以将"的"字前的名词与各对象名称相互比对，若语义一致，则"的"字后面的名词很可能是该对象的一个属性。例如：根据"订货单的货单号"这句话，可以确定"货单号"可能是"订单 Order"对象的一个属性。

2. 确定对象的操作：把"动词"作为关联或操作(服务)的候选者，分析确定对象的操作。

这里也有一个技巧，在做系统需求研究时，最好能启发未来的系统使用者说出诸如此类的话——我希望计算机能帮我做(干、完成、显示、打印……)某某(或某某的某某)。

在这种带有动词的语句结构中，首先需要分析宾语部分。若宾语部分只是一个名词，则只取该名词；若是一个偏正关系的词组，则取修饰作用的名词。然后把取得的名词与已基本确定的对象进行比对，若语义相近，则被配对上的对象可能应该含有该语句所描述的操作。例如：从"我需要计算机打印订单"，由这句话可知，需要设计"订单 Order"对象的打印操作。

假设你正在一个商场中为自己选购一件衬衫，你可能这样与售货员进行交流——"您好！请问这件蓝色短袖衬衫多少钱？"售货员回答："那件衬衫的价格是 40 元。"用刚才讨论的技巧和上述对话内容，可以很容易地确定"价格"可能是"衬衫"对象的属性。假设该售货员是个新手，不知道价格，他/她有可能这样询问别的售货员："小张 DXX_345680 的价格是多少？"这句话可以直接引出这样一个关系，即蓝色短袖衬衫的"货号"（"ID"）为 DXX_345680，这样看来"ID"也可能是"衬衫"对象的属性。通过更进一步的需求调查可知，售货员需要通过货物的类型查找到其"货号"（"ID"），收银员则需要通过 ID 号查到货物的价格，对于配货人员则需要随时知道某一货物的库存量和销售量。由上述分析可知，售货员、收银员和配货人员所关心的操作无不与"衬衫"对象关联。因此，可以较易地分析出"衬衫"对象的一些操作方法，并且为这些方法分配职责。"衬衫"对象中，设计名为"getID()"的操作，功能是输出"衬衫"对象的 ID；同样设计名为"getPrice()"的操作，功能是输出"衬衫"对象的价格；设计名为"addInventory()"的操作，功能是增加"衬衫"对象的库存量；而设计名为"sellInventory()"的操作，功能是输出"衬衫"对象的销售量。最终得到如图 1-2 所示的"衬衫"对象结构。

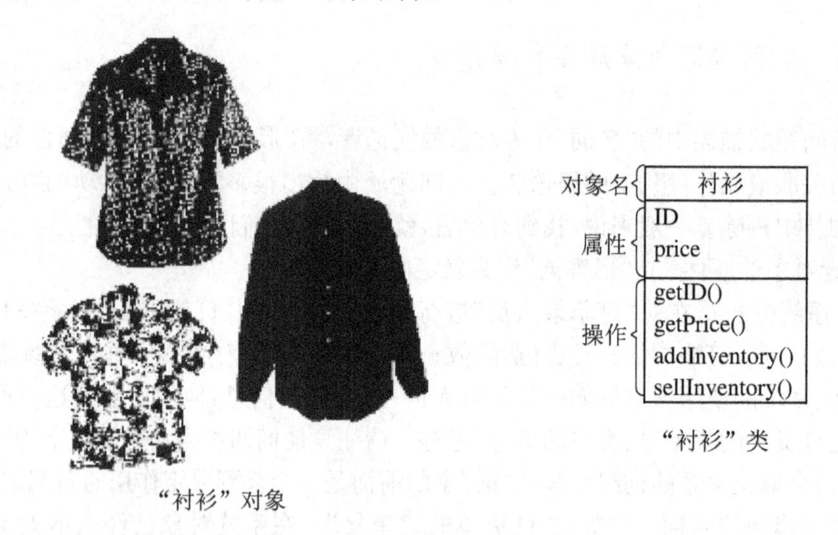

图 1-2 "衬衫"对象

1.4.2 对象建模

需求分析中常用图形化方式描述对象，习惯上用一个方块表示一个对象，若该方块只有一行，就在该方块上标上对象名称即可。如图 1-3 所示（这是对象的一种简单图形表述形式）。

Order

图 1－3　对象的一种简单图形表述形式

若为三行，则第一行标注对象名称，第二行标注该对象的若干属性，第三行标注该对象的若干操作。

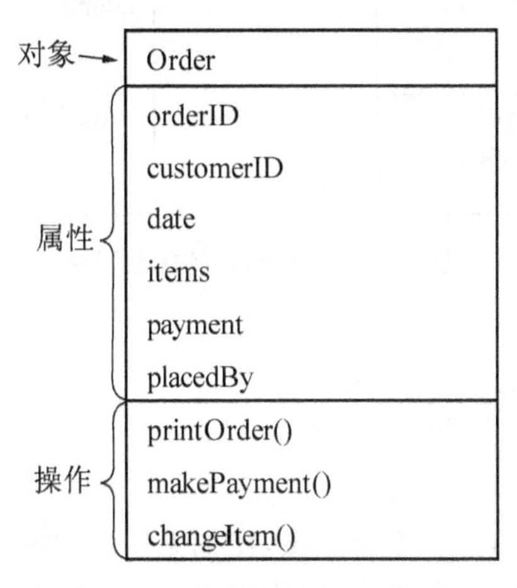

图 1－4　图形化订单对象“Order”

练一练　1－3

请为“小猫托儿所”收费系统中设计的某个对象确定其属性和操作方法，并将其图形化。

解答：

1.4.3　一个特殊的对象属性

前面讨论的对象的属性一般其本身是一个非对象数据。对象本身可不可以作为另一个对象的属性呢？一个对象可以以引用的形式作为另一个对象的属性，即对象的属性可以是对另一个对象的引用。例如：“Order”对象的属性中有个“CustomerID(客户编号)”属性，若此时要发送一个确认信息给生成“Order”的客户，则需要根据“CustomerID”属性查找到一个“Customer”对象，在查询其“phone”属性后，获得客户的电话号码，与客户进行电话联系，进行订单确认。但如果改变这个属性，使得“Customer”对象成为“Order”对象的一个属性，则“Order”对象就可以直接调用“Customer”对象的全部属性和操作。

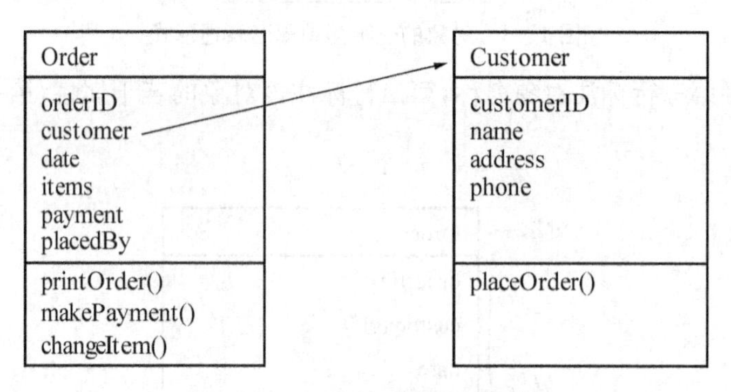

图 1-5　一个特殊的对象属性

1.5　类与对象概念

自然界中任何事物都可看成一个个对象，比如无生命的东西：桌子、电脑、一幢房子等；比如有生命的东西：院子里的花草树木、宠物鱼以及亲戚朋友等；比如某个事件：买了一只股票、开了一个家庭聚会等。

每件事物都是一个对象，而每个对象又是某一种类的实例。花园中的那张桌子是“桌类”的一个实例，换句话说，这张桌子是“桌类”的一个对象；鱼缸中的那条朱红色宠物鱼就是“鱼类”的一个实例，也就是说，宠物鱼是“鱼类”的一个对象。本节之前所说的“对象”，实际上就是这里所说的“类”。

类与对象的关系，可以用一种称为“is-a (是一)”的关系来描述，例如，“这是一张桌子”，“那是一条鱼”。即上述两句陈述句的主语部分表示实际的对象(实例)，宾语部分表示该对象所属的类。类是一个集合，而对象则是某个集合的元素。

类和对象的主要区别是：前者是对后者的一种抽象，而后者是前者的一种具体化。一个对象是某个类的一个实例：金鱼、古比鱼，以及动物园里的那条鲨鱼都是鱼(Fish)这个类的实例。

由此可见，一个具体的类，可以实例化成多个对象，同一类的对象都用相同的属性来描述其特征，只不过具体属性的取值可能不同而已。比如，被邀请去参加一个毕业 party，会被告之 party 的“开始时间”、“客人数”等诸如此类的信息。被邀请去参加一个生日 party，还是会被告之 party 的“开始时间”、“客人数”等诸如此类的信息。所以说 party 类具有“开始时间”、“客人数”等属性，其实例对象(生日 party、毕业 party 等)都用这些属性描述各自具体的内容，但由于具体属性的取值不同(时间、人数等)，使不同的对象具有了各自的特征。

> 对象是类的实例。把类看作是模板的话，那么对象就是从这个模板上铸造下来的一个个铸件。所以这些从同一个模板上产生的对象就应该具有相同的性质和功能。

1.6　软件开发的各个阶段

在任何编程项目中，面向对象的分析都只是万里长征第一步。每一个软件项目实施过程都要经历5个基本步骤。5个步骤都很重要。如果未经分析和设计就开始编写程序，一定会为以后的工作种下隐患。每个步骤都要包括文档：记录程序的要求、设计、程序使用方式、测试样例和结果，还包括维护文档，这样其他小组成员可以更容易地知道代码的作用和如何更新或修改它。

软件开发的5个基本步骤是：

（1）搜集和分析需求

此过程为编写和复查问题域的阐述。

（2）设计系统

这是一个冗长的过程，主要工作内容就是面向对象的分析和设计。

（3）编写代码

一旦设计完成之后，就进入了实际的代码编写阶段。在设计代码时，一般采取两种手段：① 将问题分割成为更小的子问题，使编写代码的工作更简便；② 设置“伪代码”。这些“伪代码”可以包含访问一个数据片段，索取此数据，将它传递给某个操作等，程序员需要将它翻译成真正的程序语言。

（4）系统测试

测试是软件项目开发过程中的重要的环节。让系统的使用者参与整个测试过程是非常有益的，这样就会让系统面对实际使用的考验，而不只是按编程小组计划的方式使用，从而得到在现实中的验证。使用者通过亲身感受，还能够提出比较合理和有效的建议，以便进一步提升系统的整体性能。

（5）系统维护

有时给系统或文档添加功能或者修改系统时会出现新的问题。采用面向对象的程序设计方法可以使此阶段的过程更加简单有效。

练一练　1-4

请使用本章所介绍的方法来完成“小猫托儿所”收费系统的设计。

请完成以下任务：

① 创建一组所需的对象（名词）的列表；

② 使用本章所用的3个测试来确定所有对象是否有效；

③ 为这些对象创建一系列的属性和操作。

解答：

本章小结

本章主要介绍了用面向对象的思想和方法去设计解决一个应用领域问题的一般思路和方法。涉及系统中对象的确定和测试，对象方法和属性确定，对象图形化描述，软件程序开发的主要步骤等内容。便于在今后的面向对象程序设计的进一步学习中，对面向对象的精髓加以理解。

本章实训

面向对象分析演练，参见“实训部分，实训1”。

本章习题

1. 请简要回答类和对象的区别。
2. 请简要回答面向对象程序开发的一般过程。
3. 试分析一个跟踪足球比赛成绩的系统。该系统的功能是：
   - 记录每个球员在每次比赛中的成绩；
   - 记录每个赛季，该球员效力于哪支球队，某场比赛是在哪个赛季进行的；
   - 该系统应该能够生成各个球队、球员和赛季的统计数据。

   请完成以下任务：

   ① 创建一个可能对象(名词)的列表；

   ② 使用本章所用的3个测试来确定所有对象是否有效；

   ③ 为这些对象创建一系列的属性和操作；

   ④ 将属性和操作指派给适当的对象。

第2章 程序设计入门

学习目标

- 了解程序设计语言概念
- 了解Java语言特点
- 掌握Java程序创建和运行
- 了解程序设计的基本流程
- 掌握算法和算法表示

生活场景

王明同学迷上了玩电脑游戏,觉得计算机真的很神奇:"它竟然可以记住我上次游戏的积分,还可以组织网上游戏,可以和不认识的人在网上聊天。"这些是怎么实现的?这天他忽然想到,"老玩别人制定的游戏,没劲!我有一个好的游戏方案,我自己来开发游戏可以吗?"

学习场景

原来这都需要由计算机软件开发人员,采用某种程序设计语言,事先编写的不同游戏程序或网上聊天程序,提供给不同的用户在计算机上运行实现。王明同学决定开始学习程序设计语言。

2.1 程序设计语言

生活中人们用不同语言,如中文、英语、德语、法语等进行交流,而在计算机中,人们利用操作命令或程序与计算机进行交流。

计算机具有高速运算和信息存储功能,既可以提高人们的工作效率,又能节省很多物理上的空间。人们让计算机执行程序,或帮助管理和搜索存储的信息。比如,传统的学生个人信息都是在纸面表格上登记保管,随着学生人数的增加,需要占用更多空间保存这些资料,如果查找一个学生的信息资料,则需要花费大量的时间;而将学生的信息保存在计算机里,设计一个学生信息查询程序,就可以大大简化对学生信息的管理和查询的劳动。

计算机程序是利用某种程序设计语言进行编写的,其语言的基础是一组记号和一组规则，根据规则由记号构成的记号串的总体就是语言。在程序设计语言中，这些记号串就形成了程序。程序设计语言包含 3 个方面，即语法、语义和语用。语法表示程序的结构或形式，亦即表示构成程序的各个记号之间的组合规则，但不涉及这些记号的特定含义，也不涉及使用者；语义表示程序的含义，亦即表示按照各种方法所表示的各个记号的特定含义，但也不涉及使用者、语用表示程序与使用的关系。

程序设计语言的基本成分有：

数据成分：用于描述程序所涉及的数据；

运算成分：用以描述程序中所包含的运算；

控制成分：用以描述程序中所包含的控制；

传输成分：用以表达程序中数据的传输。

按照语言级别，可以将程序设计语言分为低级语言和高级语言。

低级语言有机器语言和汇编语言。低级语言与特定的机器有关，功效高，但使用复杂、繁琐、费时、易出差错。机器语言是表示成数码形式的机器基本指令集，或者是操作码经过符号化的基本指令集。汇编语言是机器语言中地址部分符号化的结果，或进一步包括宏构造。

高级语言的表示方法要比低级语言更接近于待解问题的表示方法，其特点是在一定程度上与具体机器无关，易学、易用、易维护。如 FORTRAN、COBOL、PASCAL、C++、Java 等。

目前，高级程序设计语言是由传统的过程式语言向现代的面向对象语言发展而来的。

过程式语言的主要特征是用户可以指明一列可顺序执行的运算，以表示相应的计算过程，如 FORTRAN、COBOL、PASCAL 等。

面向对象的程序设计语言，更接近描述和解决现实世界的问题，最重要的就是提高代码的可复用性和可维护性，如 C++、Java 等。

程序设计语言是软件的重要方面，其发展趋势是模块化、简明化、形式化、并行化和可视化。Java 程序设计是目前流行的面向对象程序设计语言。

2.2　Java 程序设计语言特点

信息系统应用开发正在从手工制作方法（单独设计每个模块）转变为组装方法（选取预先写好的组件，并把它们组合成一个应用的结构）。组件具有可重用设计的特征，这意味着一个组件可以在多个应用中使用。组件就好像玩具积木块，通过不同积木块的组合搭建，建成不同东西。因此，业界流行的软件开发方法就是如何设计积木块（对应软件专业术语——对象），如何进行积木的搭建。也就是说，业界普遍流行面向对象的程序设计语言，进行系统开发。Java 语言就是一种普遍应用的面向对象的程序设计语言。

Java 语言具有以下特征：

面向对象　具有面向对象编程的许多优点；

分布式　可以在网络上运行；

多线程　可以同时运行多个进程（如可以在打开网页的同时打印文档）；

安全 如具有内置的安全机制,可控制是否从磁盘读取和向磁盘写入;

预编写代码 程序员可以直接使用Java技术提供的大量已经编写好的代码集;

独立于平台 易于移植并运行于不同的软硬件平台上。

Java程序分类:

Java应用程序(Java Application) 应用程序指每天都要使用到的那些程序,如浏览器、电子邮件、字处理程序、财务程序等。在操作系统支持下,应用程序可以在单机或在网络上单独运行。

Java小程序(Java Applet) Java Applet不是独立的程序,必须在浏览器支持下运行。换句话说Java Applet在HTML页面中的一部分执行的程序,必须使用appletviewer或其他支持Java的浏览器才可以运行。它们可能需要在数千公里以外的一台计算机上远程运行,或者下载到本地计算机上运行。

不管哪种Java程序,都用扩展名为.java的文件类型来保存。本书主要介绍Java Application类型的程序,Java Applet类型的程序只作简单介绍。

2.3 Java程序创建和运行

这是一个最简单的Java程序MyJava.java,其功能是在屏幕上显示一行字"这是我的第一个Java程序!"。可以利用写字板创建它。

读一读 2-1

```
//这是一个最简单的Java程序MyJava.java!
public class MyJava
{
    public static void main(String args[])
    {
        System.out.println("这是我的第一个Java程序!");
    }
}
```

怎么让这个程序运行起来,实现其功能?

2.3.1 程序运行的前提

一个程序要在某台计算机上运行,需要特定的环境支持它运行。计算机硬件只认识"0"和"1"的二进制代码,接受人们发出的指令(图2-1),利用高级程序设计编写好的源程序计算机硬件是不认识的。因此,需要将源程序(方便人们编写和阅读的程序)转换成方便计算机阅读的执行程序后才能运行程序。有两种源程序转换成执行程序的方法。

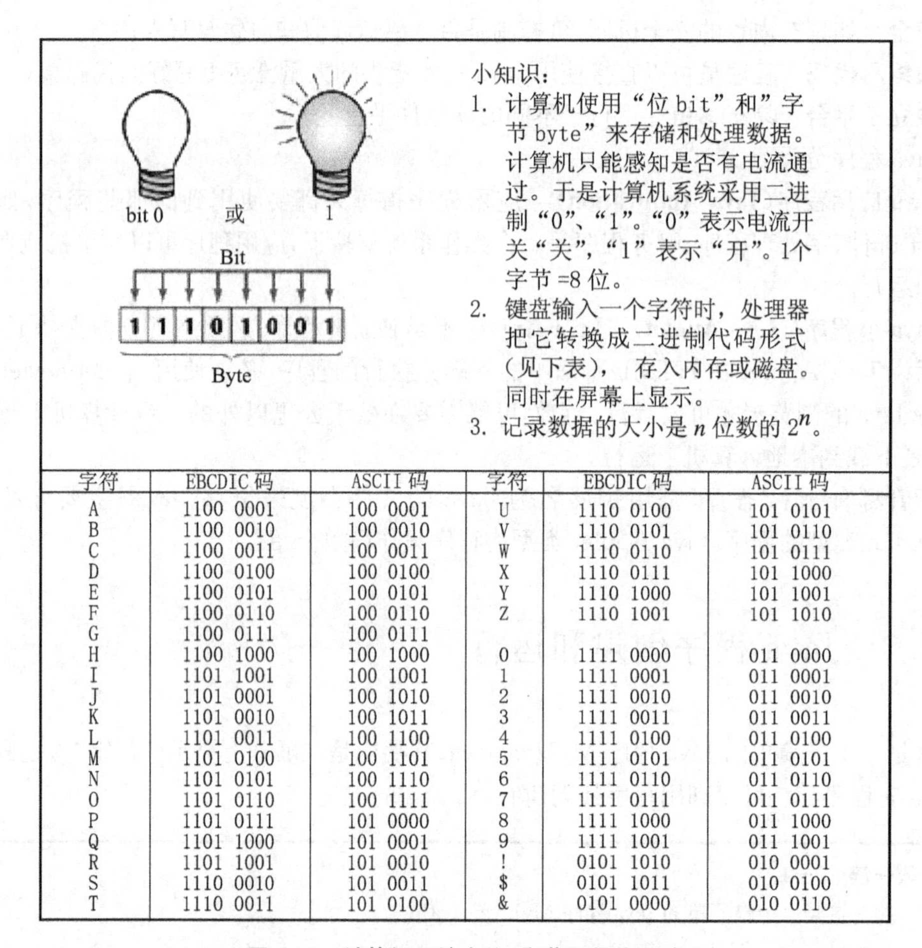

小知识：

1. 计算机使用“位 bit”和”字节 byte”来存储和处理数据。计算机只能感知是否有电流通过。于是计算机系统采用二进制“0”、“1”。“0”表示电流开关“关”，“1”表示“开”。1个字节 =8 位。
2. 键盘输入一个字符时，处理器把它转换成二进制代码形式（见下表），存入内存或磁盘。同时在屏幕上显示。
3. 记录数据的大小是 n 位数的 2^n。

字符	EBCDIC 码	ASCII 码	字符	EBCDIC 码	ASCII 码
A	1100 0001	100 0001	U	1110 0100	101 0101
B	1100 0010	100 0010	V	1110 0101	101 0110
C	1100 0011	100 0011	W	1110 0110	101 0111
D	1100 0100	100 0100	X	1110 0111	101 1000
E	1100 0101	100 0101	Y	1110 1000	101 1001
F	1100 0110	100 0110	Z	1110 1001	101 1010
G	1100 0111	100 0111			
H	1100 1000	100 1000	0	1111 0000	011 0000
I	1101 1001	100 1001	1	1111 0001	011 0001
J	1101 0001	100 1010	2	1111 0010	011 0010
K	1101 0010	100 1011	3	1111 0011	011 0011
L	1101 0011	100 1100	4	1111 0100	011 0100
M	1101 0100	100 1101	5	1111 0101	011 0101
N	1101 0101	100 1110	6	1111 0110	011 0110
O	1101 0110	100 1111	7	1111 0111	011 0111
P	1101 0111	101 0000	8	1111 1000	011 1000
Q	1101 1000	101 0001	9	1111 1001	011 1001
R	1101 1001	101 0010	!	0101 1010	010 0001
S	1110 0010	101 0011	$	0101 1011	010 0100
T	1110 0011	101 0100	&	0101 0000	010 0110

图 2－1　计算机系统中位、字节和数值系统

1. 编译执行的程序

所谓编译，就是将编写的程序源代码，通过编译器，转化成特定的计算机能读懂的语言。即可执行**二进制代码程序，与运行平台有关**。在编译时，程序员通过编译和修复程序来检查程序中的错误，在程序运行之前错误检查已经完成。编译程序可以直接与计算机通信，所以经过编译的程序运行得相当快。

一个不会讲中文的美国人到中国来必须要带个中文翻译；如果他去德国，并且他又不会说德语，那么他要带个德语翻译，所以同一个人在不同的环境下需要的翻译不同。不同语言开发的程序，经编译后在运行时对系统的要求是不同的，即与运行平台有关。这意味着在 Windows 下编译的程序，不能搬到 Unix 下运行。这给程序开发人员带来很大的麻烦。

2. 解释执行的程序

程序在运行时，解释器边检查源代码中的错误和安全问题，边在当前的平台上进行解释，将其转换成计算机能够读懂的**二进制代码**形式，并运行此程序。因此，解释执行的程序是跨平台的，但是它运行得比较慢。

2.3.2　程序的开发阶段

要设计一个 Java 程序，到底要经过哪些步骤呢？其实不管用哪种语言来编写程序，都要经历相似的以下几个阶段。

需求分析阶段　在这一阶段中，程序员需要了解所要求编写的程序需要实现的功能；

设计算法　程序员清楚程序需实现的功能后，需要理清思路，简单、明确地列出完成这些功能所要做的方法和步骤，即设计具体的算法；

编写程序　根据一定的算法，编写符合 Java 语言规则的程序文本；

编译程序　编译该程序，直到没有语法错误发生，然后再运行该程序；

测试和运行程序　在测试和运行程序时必须核对程序是否正确实现了预定的功能。在这一阶段中，会产生一些逻辑错误。逻辑错误就是算法错误，或者算法在转变为程序时变样了，导致程序能够运行，却不能实现预想的功能。如果出现了逻辑错误，程序员必须到程序中寻找错误，纠正后再次编译该程序，直到没有逻辑错误发生，最后提交用户运行该程序。

2.3.3　Java 语言如何实现跨平台运行

Java 程序的输入　将程序文本输入到计算机内，并保存为以.java 为后缀名的文件。

> Java 程序源代码的扩展名为.java

Java 程序的编译　Java 程序采用面向虚拟机(JVM)技术，生成 Java 虚拟机能够理解的代码字节码(ByteCode)。Java 源代码 *. java，通过 Java 编译器，生成字节码(ByteCode) *.class。运行 *.class 时，Java 技术解释器，即 Java 虚拟机(JVM)，解释运行此字节码文件。对于每个运行 Java 技术的平台，都有不同的 JVM 与之对应(Java 系统提供，程序员不必关心)。这样既发挥提前编译检查错误的优势，又发挥解释器跨平台的优势。所以 Java 技术兼有编译和解释两种特性，解决了速度和平台兼容的二者不可兼得的问题。Java 程序设计语言是目前最受欢迎的程序设计语言。提供 JVM 的 3 个目的是实现机器无关性、提高安全性、减小程序的大小。

> 编译后的 Java 程序扩展名为.Class

Java 程序的运行　要运行 Java 程序，必须在计算机上安装 Java 2 或 Java 2 Platform 或 Java 2 SDK(软件开发工具包)核心程序，支持对 Java 源程序的编译和解释。在实训 2 中详细讲解如何安装 JDK 和运行一个 Java 程序。

> Java 程序编译和运行环境要求：事先安装 Java 2，或 Java 2 Platform，或 Java 2 SDK(软件开发工具包)，包括了 JVM、一个编译器和其他工具，以及 Java API 和关联文件。

练一练　2-1

请到实训部分，学习怎样安装和熟悉 Java 编程环境，学习输入和运行第 1 个 Java 程序。

2.4　算法及其描述

在现实生活中，人们经常遇到很多问题，需要寻找问题的解决办法和步骤。比如：工作单位在南京，现在单位要派人出差去北京，就会有问题产生："是坐飞机去呢还是坐火车去?"当然这个问题看起来似乎太好回答了，具体坐什么要看公司的规定，可能在公司具有一定职位的人才允许坐飞机，比如部门经理等等；或者还要看公司在通知后的几个小时内要求到达北京。如果要求 4 个小时内到北京，那就只能坐飞机去，因为目前去北京的火车最快也要9～10个小时。诸如此类的问题有很多，有的问题的解决办法也有很多种，人们通常会选一个效率最高的方法，这就引出了算法的概念。

算法：解决问题的方法和步骤
算法的描述：自然语言、伪码流程图、N-S 图
算法选择原则：容易理解、便于沟通，其次要考虑时间和空间效率

在程序开发中，用自然语言、伪码流程图和 N-S 图来描述算法。

2.4.1　算法描述方法

在编写程序之前，应该设计程序的算法，并将算法描述出来，作为程序设计的蓝图。常将图形表示作为一种算法描述的工具，程序员根据图形的表示可以顺利地完成编码工作。一般说来，多人合作设计程序时，由不同的小组分别完成程序算法蓝图、将蓝图转换为代码、测试运行的工作。

结构化程序设计是最早的程序设计方法，人们利用的图形化工具，包括盒图、PAD 图、Jackson 结构图、Warnier 图等描述算法。伪码也是常用的算法表示技术之一，它以文字形式描述表示程序中的数据和加工过程。伪码描述控制结构和数据结构时借用某种程序设计语言严格语法，而描述实际操作和条件时又可使用灵活的自然语言。下面将着重介绍盒图和伪码这两种算法描述方法。程序开发时伪码和盒图应该作为单独的文档保留下来，并且伪码和盒图中的自然语言描述可以作为注释保留在最终的程序代码中。

盒图是由 Nassi 和 Schneiderman 提出的，故又称 N-S 图。在盒图中控制结构具有明确的作用域——以方框"□"表示，并很容易表示嵌套结构。由于图中不使用箭头，所以不允许随意转移控制流向，从而迫使程序员的设计结构必须是一个结构化程序。

虽然面向对象程序设计时，流行采用国际统一建模语言 UML 完成图形化程序设计方案的设计，但是，这里介绍的算法对于新入门的程序员学习也很重要，这是建立编程思路的基础。

2.4.2　顺序结构算法描述

生活中存在许多顺序完成的事情，如老师出完试卷后，学生才能考试。

有着明确的前驱和后继的算法的描述形式，称之为**顺序结构**。在顺序结构中，每个步骤都是完成某一事务不可缺少的部分，一旦该事务被执行，每个步骤都要被执行且只能被执行一次。在顺序结构中，语句串“S1、S2”是顺序执行的，即先执行语句 S1 后，再执行语句 S2。这种顺序结构的表示方法如图 2－2 所示。

伪码(自然语言)	盒　图
第 1 步：s1 第 2 步：s2	s1 s2

图 2－2　顺序结构算法

读一读　2－2 向某个银行账户存款的算法描述	
伪码(自然语言)	盒　图
第 1 步：提示用户输入待存金额 a； 第 2 步：从数据库中读入当前账户余额 b； 第 3 步：b＝b＋a； 第 4 步：输出新余额 b；	提示用户输入待存金额 a； 从数据库中读入当前账户余额 b； b＝b＋a； 输出新余额 b

2.4.3　分支结构算法描述

生活中也有许多分支处理，如男生进男浴室，女生进女浴室；身高小于 1.3 m 的儿童不用买汽车票等等，这种情况称之为**分支结构**。

分支结构分为单分支结构(选择结构)和多分支结构。

1. 单分支结构算法

在单分支结构中必须有一个判断条件，用来判断对条件的满足与否来决定程序的流向。通常用布尔表达式描述判断，称之为条件表达式。若条件 p 满足，则执行语句 s1，否则执行语句 s2。这种结构的表示方法如图 2－3 所示。其中 s1 或 s2 都可以是空语句。如果 s2 为空语句则可省去 ELSE 不写。

自然语言	伪　码	盒　图

如果条件 p 为满足：
　做：s1
否则
　做：s2
结束
	IF p THEN
	s1
	ELSE
	s2
	ENDIF
		p
		真　假
		s1　s2

图 2－3　单分支结构(选择结构)算法

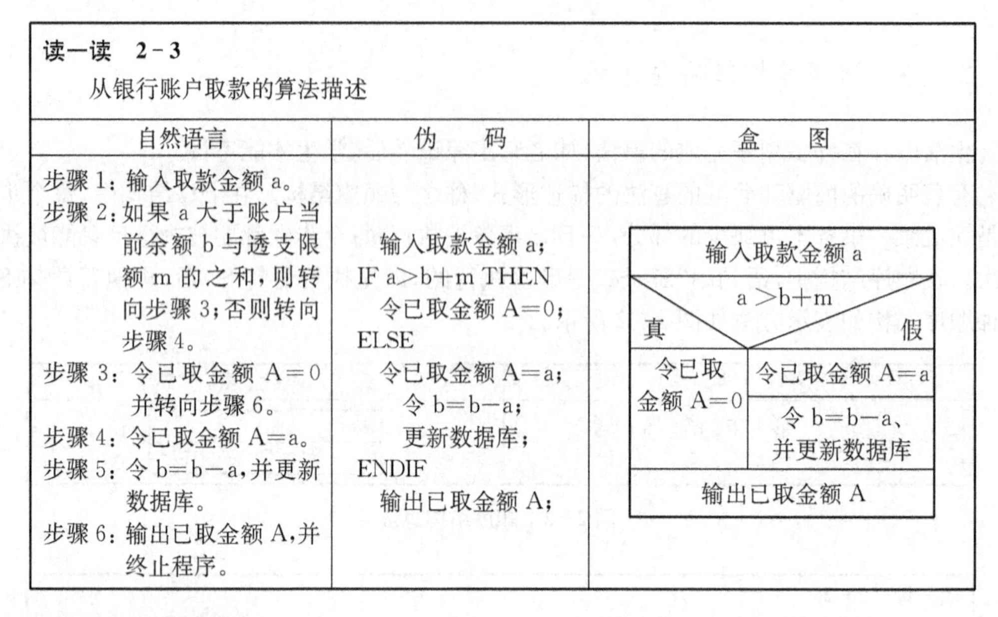

读一读　2-3

从银行账户取款的算法描述

自然语言	伪　码	盒　图

步骤 1：输入取款金额 a。
步骤 2：如果 a 大于账户当前余额 b 与透支限额 m 的之和，则转向步骤 3；否则转向步骤 4。
步骤 3：令已取金额 A=0 并转向步骤 6。
步骤 4：令已取金额 A=a。
步骤 5：令 b=b-a，并更新数据库。
步骤 6：输出已取金额 A，并终止程序。
	输入取款金额 a；
	IF a>b+m THEN
	令已取金额 A=0；
	ELSE
	令已取金额 A=a；
	令 b=b-a；
	更新数据库；
	ENDIF
	输出已取金额 A；
		输入取款金额 a
		a >b+m
		真　假
		令已取金额 A=0
		令已取金额 A=a
		令 b=b-a、并更新数据库
		输出已取金额 A

2. 多分支结构算法

如果分支结构的条件表达式有多种取值(此时条件表达式的值当然不是布尔类型)，则采取如图 2-4 所示的控制结构。在此结构中，如果条件 p 与情况 p1 匹配(即两者取值相同)则执行语句 s1，如果条件 p 与情况 p2 匹配则执行语句 s2，依此类推。情况 p1、p2、p3 的取值必须相互不同，否则可能导致程序执行多种方案。

自然语言	伪　码	盒　图
如果条件 p=p1：做 s1 如果条件 p=p2：做 s2 如果条件 p=p3：做 s3 结束	CASE p OF p1：s1 p2：s2 p3：s3 ENDCASE	p p1　p2　p3 s1　s2　s3

图 2-4　多分支结构算法

需要说明的是：上图中只画出了 3 种情况的多分支结构，在实际的应用中有可能不止 3 种情况，只需在后面续加即可。

2.4.4　循环结构算法描述

有许多事情具有循环处理的特征。如对班级同学分别计算各门课程的总分，老师从第 1 个学生，进行个人总分的计算，接着计算第 2 个同学，计算第 3 个同学……直到最后一个学生。不同的学生，采用相同的个人总分计算公式。这种算法称之为**循环结构算法**。

一般在循环结构中总是会出现循环往复被执行的若干个步骤，称之为循环体。此问题的循环条件是先查看是否还有学生成绩需要计算？循环体是计算个人总分的步骤。

循环结构中有一个条件表达式控制循环。循环结构主要分为 WHILE 和 REPEAT 两种形式，其表示方法如图 2-5 所示。

1. while 循环结构算法

自然语言	伪　码	盒　图	流程图

1. 如果条件 p 为真，执行循环体内语句 s；
2. 如果条件 p 为真，继续执行循环体内语句
否则
终止循环，执行循环体下面的语句
	while (p)
	{
	s
	}
		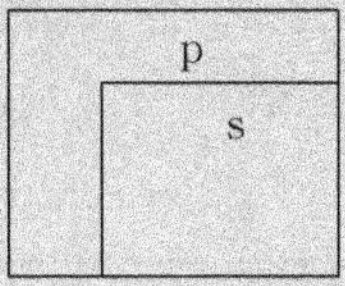 p
		s
			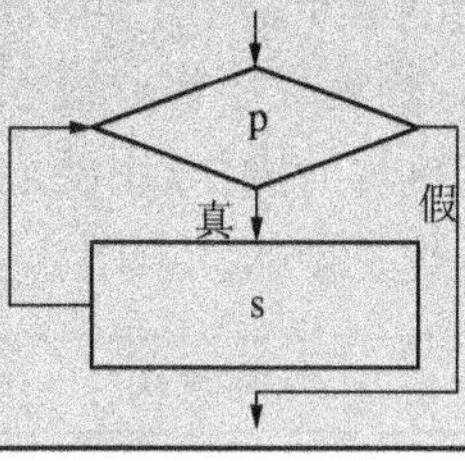 p
			真　假
			s

图 2-5　while 循环结构算法

while 结构先判断循环条件 p 是否成立，如果 p 成立，即 p 的值为 true，则执行一次循环体 s，执行完后再判断 p 是否成立，如果 p 不成立，即 p 的值为 false，则终止循环转而执行循环体下面的语句。

2. do... while 循环结构算法

do... while 结构和 while 结构不一样，它先执行循环体 s，再判断条件 p 是否成立，如果 p 成立，即 p 的值为 true，则终止循环，否则继续执行循环体。

自然语言	伪　码	盒　图	等价于	

1. 执行循环体内语句 s；
2. 如果条件 p 为真，终止循环，执行循环体下面的语句
否则
执行循环体内语句
	do
	s
	while　p
		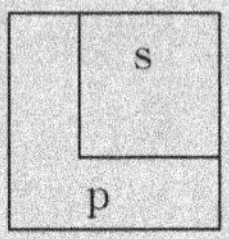 s
		p
			s
			while (NOT p)
			{
			s
			}
				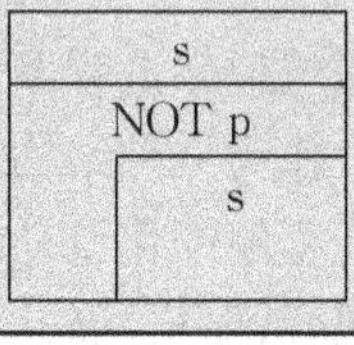 s
				NOT p
				s

图 2-6　do... while 循环结构算法

需要注意的是：do... while 结构中的循环体 s 至少执行一次，而 while 结构的循环体 s 则可能一次也不被执行。

读一读　2-4

银行收缴信用卡用户账户年费 w 的算法描述

自然语言	伪　码	盒　图	等价于	

步骤 1：如果有银行卡账户需要处理
步骤 2：循环体
第 1 步：输入卡用户账余额 b。
第 2 步：b－w。
步骤 3：检查是否还有银行信用卡账户需处理？
若有，则转步骤 2，
否则步骤 4
步骤 4：显示执行完毕，并终止程序。
	while 不是信用卡账户数据库结尾
	{
	读入卡用户账户余额 b；
	b－w；
	}
	显示执行完毕；
		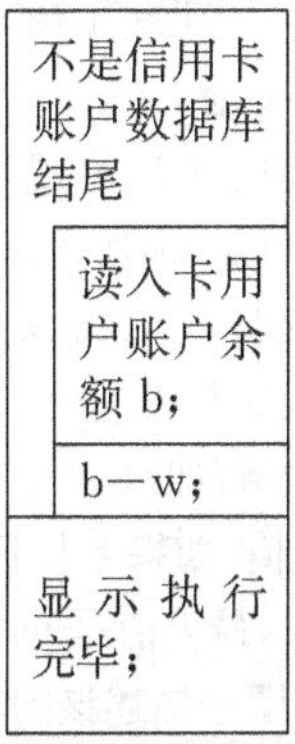 不是信用卡账户数据库结尾
		读入卡用户账户余额 b；
		b－w；
		显示执行完毕；
			do
			读入卡用户账户余额 b；
			b－w；
			while 是信用卡账户数据库结尾；
			显示执行完毕；
				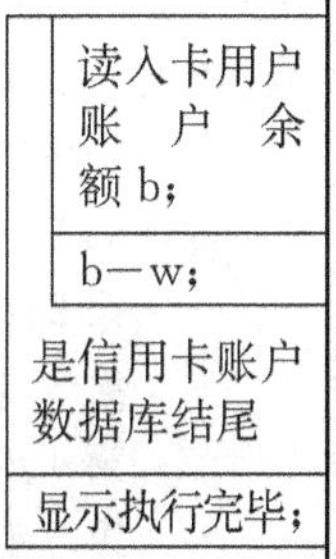 读入卡用户账户余额 b；
				b－w；
				是信用卡账户数据库结尾
				显示执行完毕；

2.4.5 算法的流程图表示法

接下来介绍一个非结构化程序设计工具——流程图。它也是在程序设计时常被用到的，适合描述程序作业流程的工具。它用箭头“➡”表示程序的执行方向；用方框“□”表示程序需要执行的操作；用菱形“◇”表示条件判断。如图 2-7 分别表示了顺序、分支和循环结构的 3 种类型的流程图。

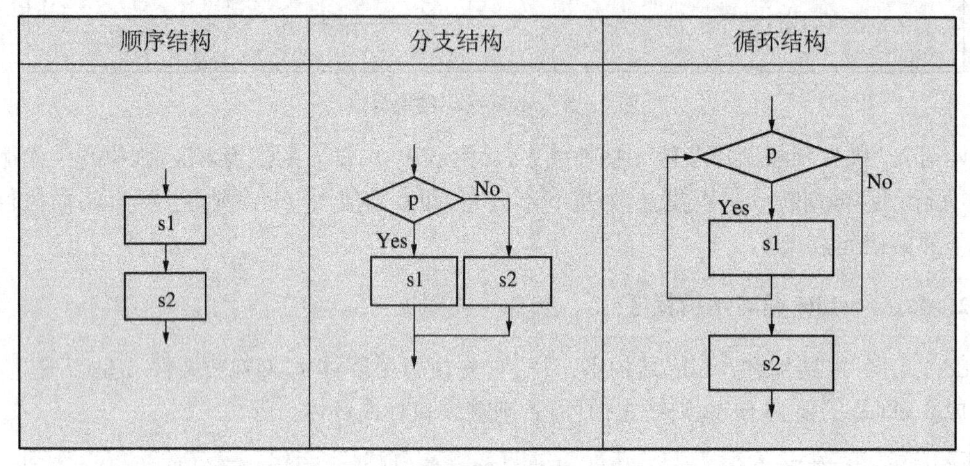

图 2-7 算法流程图表示法

虽然程序流程图可直观地表达程序控制的流向，但因为图中控制流可以随意跳转，故并不适合作为一种结构化的控制流设计工具。

在程序细化设计时，一般用自然语言描述算法，再将其转化为盒图，接着再将盒图转化为伪码，就能得到较好的程序代码。

2.4.6 算法应用举例

读一读 2-5

现在有 3 个互不相等的整数 a、b 和 c。请找出这 3 个数中的最大值。

分析：首先需要知道 a、b、c 的具体数值(如 a=200，b=20，c=500)。比较 a 和 b，用整数 t 记录 a、b 中数值大的数(如 t=200)。比较 t 和 c，用 maxt 记录 t 和 c 中数值大的(如 maxt=500)。最后 maxt 就是我们要找的最大值。

解：可以采用下面任何一种算法描述方法，描述算法。

第 1 种描述方法：用自然语言来描述该问题的算法：

第 1 步：定义 3 个整型变量 a、b、c；定义整型变量 t 记录中间比较结果、maxt 记录最大值；

第 2 步：获得 3 个整数 a、b 和 c；

第 3 步：比较 a 和 b 的值，如果 a 大于 b，那么 t=a；否则 t=b；

第 4 步：比较 t 和 c 的值，如果 t 大于 c，那么 maxt=t；否则 maxt=c；

第 5 步：显示计算结果，最大值是 maxt。

第 2 种描述方法：用 N-S 图来描述该问题的算法。

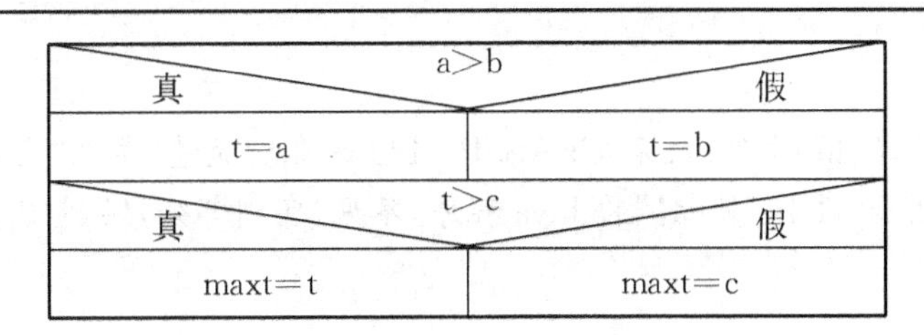

第3种描述方法：用流程图来描述该问题的算法：

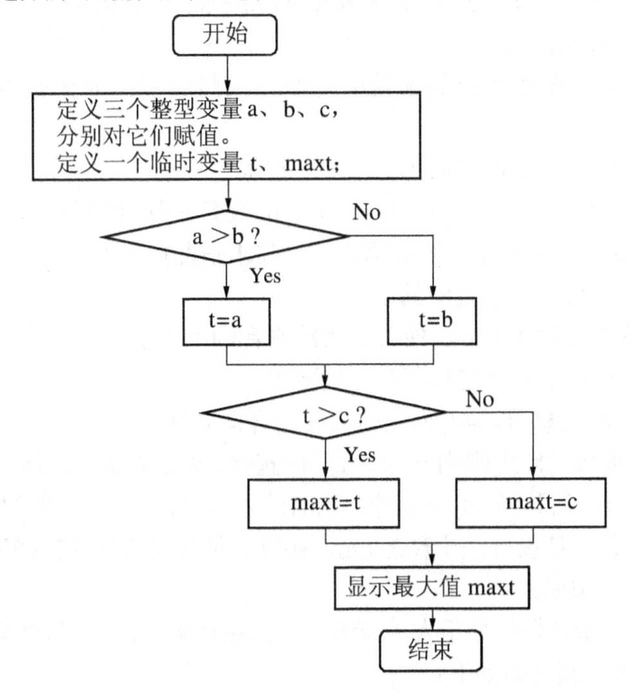

动脑筋：

如果不定义变量t和maxt，怎么记录a、b、c中的最大值？

提示：采用狗熊掰玉米的办法。例如：如果第1个玉米a大于第2个玉米b，则拿第1个a=a；如果第1个玉米a小于第2个玉米b，则a=b(狗熊丢掉手中小的，拿大的)。发现第3个玉米c，如果a大于c(注意此时a已经是在第1个、第2个玉米中选出的大玉米了)，狗熊得意地说“我手里的最大”a=a；如果手中的玉米a小于第3个玉米，狗熊高兴地说“发现一个更大的”，丢掉手中的，拿起第3个玉米a=c。在这种算法中，用变量a(相当于狗熊的一只手)记录最大值。

由此可见，一个问题的算法有多种。选择算法的第一原则是容易理解，便于沟通；其次要考虑时间和空间效率。

本章小结

本章主要介绍了程序设计语言、简单Java程序的编写、运行与算法。配合实训部分实训1简明介绍了利用Java 2 SDK、BlueJ和JBuilder的开发环境和工具来开发Java程序的具体步骤。

本章实训

1. 设置所用计算机的PATH和CLASSPATH的环境变量,参见“实训部分,实训2”。
2. 编写一个显示“Hello Java!”的Java程序,参见“实训部分,实训2”。

本章习题

利用互联网搜索关于“编程语言”的参考文章,回答如下问题:

1. Java编程语言的起源。
2. 编程新手应该选择什么样的编程语言作为入门学习?为什么考虑选择学习Java语言?
3. 为什么有这么多的公司都纷纷采用Java技术?
4. 到智联招聘网站http://www.zhaopin.com搜索对软件编程人才的需求,分析企业需要掌握什么程序设计语言人才?Java语言人才需求情况如何?
5. 说明Applet和应用程序之间的区别。
6. 说明Java技术采用什么方法使其成为跨平台的编程语言?
7. 列出编写Java程序需要进行哪些环境配置?
8. 用伪码、流程图或盒图,为下列问题域设计合理的算法。

1) 张明的一家形象设计店刚刚开张,为了做宣传,他准备做一次活动。他分发了一些优惠券,其折扣率有10%、20%、30% 3种。该店的外形设计565元、发型设计326元、美甲130元和整容1 680元。请设计一个算法,允许接待人员按优惠券的折扣率为客户折算费用或不打折,然后选择一项服务。

2) 设计一个算法来计算计件工人的酬劳。工人生产的产品越多,计算酬劳时每一件的单位酬劳通常是越多。其规则如下:

完成的件数	每一件的酬劳
1～199	0.50元
200～399	0.55元
400～599	0.65元
600以上	0.65元

3) 某国海关规定进口成衣按A、B、C、D四类收取关税。其税率如下:

成衣类型	税率
A	20%
B	15%
C	10%
D	5%

请设计一个算法,从键盘输入20批次待入关的成衣货物,并输入每批成衣的税前单价和所属的缴税类别,并在屏幕上输出相应批次的成衣的进口关税。请用分支结构实现。

4) 已知某桥梁收费站规定:20吨以上的大货车的过桥费为20元、10～20吨之间的货车的过桥费为15元、10吨以下的货车的过桥费为10元、30座以上的客车的过桥费为

15 元、20～30 座的客车的过桥费为 10 元、20 座以下的客车的过桥费为 5 元、轿车的过桥费为 15 元。现设计一个算法，使收费站的收费人员能从键盘输入车辆所属的收费类型，并在屏幕上打印相应的收费金额。另外收费人员只要用键盘输入字符'Q'即可结束收费程序。

第3章 Java应用程序基本结构与成分

学习目标

- 了解基本的Java应用程序结构
- 了解Java句子成分
- 掌握常见的基本数据类型
- 掌握变量的创建,初步了解变量的使用
- 了解常量
- 了解数据类型的转换
- 掌握常用的运算符,掌握简单表达语句

生活场景

2006年2月17日,国家林业局在四川卧龙"中国保护大熊猫研究中心",为在中央电视台2006年春节联欢晚会上获得乳名的大陆同胞赠送给台湾同胞的大熊猫"团团"、"圆圆"举行挂牌仪式。这块命名牌高1.5 m左右,牌上标明了"团团"、"圆圆"的出生年月等信息:雄性大熊猫"团团"出生于2004年9月1日,现体重48 kg;雌性大熊猫"圆圆"出生于2004年8月31日,现体重为52 kg左右。

在日常生活中,人们总是试图给身边的事物起个好记又有意义的名称,如:给婴儿取名、给一条新修的道路起名等。其实取名的一个直接功能就是惟一地标识某一事物,通过名称可以将某个事物和它所属同类的其他事物区分开来。人们还通过出生日期确定人的年龄大小,通过身高信息比较人的高矮,最终描写出某人的特征。

学习场景

正在学习"程序设计"的王明同学想为"团团"、"圆圆"编写一个查询程序,人们输入"团团",就可以显示"团团"的出生日期、体重等信息;人们输入"圆圆",就可以显示"圆圆"的出生日期、体重等信息。王明同学就问老师,怎样才能让计算机也知道我们的生活中有"团团"、"圆圆"一对大熊猫呀;怎样让计算机中"团团"、"圆圆"的年龄逐年增加呀?

老师说,这就需要首先了解Java程序的基本结构,了解Java语句成分,掌握"基本数据类型",使得计算机通过数据类型来认识世界。如用字符型变量记录大熊猫姓名,用日期型变量记录大熊猫出生日期,用数值型变量记录大熊猫体重等。

老师还说,需要学习程序设计语言中"运算符与表达式",使得计算机通过"运算符与表达式"来模拟实现现实生活的操作。如进行查询、加、减、乘、除、逻辑判断等操作。

3.1　一个基本的 Java 应用程序

程序设计语言的作用，就是向计算机发出命令，通知计算机做某些事情。高级程序设计语言发出的最基本的命令就是一条语句。若干条语句组合在一起，形成段落让计算机完成一件较复杂的事情。段落之间通过信息通讯，完成更大、更多的功能，实现一个大的信息系统。

3.1.1　Java 语句

在 Java 语言中，“语句”是程序控制流的组成单元。一个 Java 语句可以是一条注释、一个程序块、一个声明语句、一个表达式或者一条控制语句。除程序块和注释外，Java 大多数语句都以分号结束，空格、制表符及注释行大部分都被忽略。程序员为加强程序的可读性，可以在程序中加入所谓的空格，但是在运算符或标识符之间不能加空格。

Java 语句的几种类型：

表达式语句　表达式后面加一个分号；

空语句　只用一个分号构成的语句；

复合语句(块语句)　用一对花括号“{”、“}”将一些语句括起来的部分；

单语句　除块语句和空语句之外的其他语句。只含有一条单语句的块语句，在语法上与一条单语句是等价的；

其他语句　方法调用语句、控制语句、变量定义语句、package 语句和 import 语句等等。

> “//”开头的语句行，是单行注释；
> “/ * ”开头，“ * /”结尾，称为多行注释，中间可写多行，其间的所有语句都是注释语句；
> “{}”大括号，必须成对出现，组成代码块。用来定义复合语句、方法体、类体和数组的初始化；
> “;”分号，是语句的结束标志；
> “,”逗号，分隔方法的参数和变量说明；
> “:”冒号，说明语句的标号。

这些内容将在以后进行讨论。

读一读　3-1	**注释**

1：{
2：　weight＝bag1＋bag2＋bag3＋bag4；// weight 变量存储 4 袋面粉的总重量
3：　；
4：　{
5：　average＝weight/4.0；// average 变量存储了 4 袋面粉的平均重量
6：　}
7：}
	2：是表达式语句
	3：是空语句
	{ }括起第 4 行至第 6 行是块语句，
	{ }括起第 1 行至第 7 行：复合语句或块语句，其包含另一个块语句第 4 行至第 6 行。
	因此，块语句也可以作为构成另一个块语句的组成部分。

3.1.2 Java 程序基本结构

在面向对象的分析和设计中，使用“属性”和“操作”描述对象的特征和行为。在编程中，分别使用“变量”和“方法”与之对应。

在实训部分的实训 1 中，已经感受过一个简单 Java 程序的创建、编译和运行。在此，进一步进行归纳和整理。

读一读 3-2

//一个最简单的 Java 程序 **MyJava.java**，其功能是在屏幕上显示一行字“这是我的第几个Java程序！”

```
public class MyJava                                     //类的名称
{                                                       //类代码块的开始边界
  public static void main(String args[])                //main 方法
  {                                                     //方法代码块的开始界限
    int ID=123456;                                      //声明数据 ID,并赋值为 123456
    System.out.println("这是我的第"+ID+"个 Java 程序!");   //显示文字和数据
    //其他语句
  }                                                     //方法 main 的结束边界
}                                                       //类代码块的结束边界
```

解读：

1) 应用程序中所有的 Java 类都可以有一个 main 方法。此方法是应用程序的起点，是由 JVM 首先启动运行的第一个方法()。JVM 可以启动任何含有 main 方法的程序；
2) 源文件名必须与源文件中公有类的名称相匹配，而且其扩展名为“.java”，如本例文件名为 MyJava.java，公有类名为 MyJava；
3) 在一个源文件中只能有一个公有类；
4) 编译程序：javac MyJava.java，编译结果 javac MyJava.class
5) 运行程序：java MyJava

大多数 Java 应用程序的主要部分有：

类代码块 程序的主要结构。在类代码块中声明变量和方法，使用花括号“{”、“}”来定义代码块；

数据(变量) 对应对象的属性，程序执行所使用的数据。程序需要知道它们才能执行任务。需要在类或方法的代码块中某处声明或设置变量名；

方法(main) 用于程序操作的结构，对应于 OOAP 中的操作。所有的 Java 类都可以有一个 main 方法，该方法严格按照这样的方式来声明。此方法是程序的起点，是将要运行的第一个方法(由 JVM 执行)。JVM 可以启动任何含有 main 方法的程序；

对源文件的要求 源文件名必须与源文件中公有类的名称相匹配，而且其扩展名为“.java”。例如，有一个源文件名为 **MyJava.java**，那么该源文件只能包含一个公有类声明 **MyJava**。换句话说在一个源文件中只能有一个公有类。

代码块内由若干不同语句组成。如变量声明语句、赋值语句、条件语句、控制语句、循环语句等。每个语句由不同的单词组成不同的语法单位。下面逐一学习Java的句子成分和简单语句。

3.2　Java句子成分

就像生活中的语言一样，程序设计语言也是由各种词、短语、句和段落构成的。本章学习怎样写出Java语句，即学习Java语言中的基本的词、句和标点符号，学习写出简单的Java表达式。在未来的章节中，将学习写出段落文章，即一个Java应用程序。

3.2.1　Java语言的单词分类

每种语言都有一个语义表示的最小单元——单词，单词就是组成复杂程序的“原子”。学习各种语言首先必须要掌握其单词，在高级程序设计语言中一般有5类单词：保留字、常量、运算符、分界符和标识符。

保留字是语言规定的，具有固定意义的单词；

标识符是程序员对程序中各个元素的命名；

常量是各种基本数据类型的数据，这些数据的值在程序执行期间不可发生改变；

运算符表示对数据执行某种操作，是组成表达式的要素；

分界符用于分隔特定的语法单位。

下面将分别讨论这5类单词。

3.2.2　Java语言的标识符

在Java技术中，名称也叫标识符，用来标识类、变量、方法、类型、对象、数组和文件等。“团团”、“圆圆”就是标识符，用来标识两只赴台大熊猫。

1. 选择标识符

标识符应该简单而又具有描述性。为变量或对象加注标识符，就是给变量或其他对象起名，因此文要达意。如：“age”一看就知道它是跟年龄有关的，也可以用汉语拼音“Nian-Ling”。

2. 标识符命名规则

➢ 标识符是由字母(包括日文、中文等)、数字、下划线“_”、美元符号“$”等组成。虽然下划线“_”和美元符号“$”都允许作为标识符的开头，但是最好不要使用它们，程序员一般用其作为系统变量的标识符。

➢ 标识符的第1个字符不能是数字0～9。

➢ Java是严格区分字母大小写的，标识符中出现的大小写字母被认为是不同的两个字符。下面就是不同的标识符：ab、Ab、aB、AB。

➢ 不能使用 Java 中的关键字(即 Java 语言保留字)。

读一读 3-3

下列都是合法的标识符：

china、book1、car1、myInt、myDouble、myDaughterName、thisIsMyVariable

下列都是错误的标识符，为什么？

67ab、中 国、￥yuan

练一练 3-1

关键字知识点练习。请选出下列正确的标识符，请指出错误标识符的原因。

1. 9_name 2. $money 3. my Name

解答：

3.2.3 Java 语言的关键字(保留字)

任何一门语言中都有它一定的固定词汇，分别代表固定的含义和功能。例如，人们不会用常用的词为孩子起名。如“吃饭”、“睡觉”、“你好”等。

Java 语言也是如此，将一些词汇保留为语言本身使用，Java 预先保留用来标识数据类型或程序构造名，这些词汇就是关键字。关键字是固定的，具有独立的语法意义的词汇。在 Java 语言中，关键字不能作为标识符来用。

Java 的关键字(词汇)有：

abstract	boolean	break	byte	case
catch	char	const	continue	default
do	double	else	extends	false
final	finally	float	for	goto
if	implements	import	instanceof	int
interface	long	native	new	null
package	private	protected	public	return
short	static	strictpf	super	switch
synchronized	this	throw	throws	true
try	void	volatile	while	

禁止将关键字作为标识符

练一练　3-2

请选出下列正确的标识符，并指出错误标识符的原因。

1. 人民	2. ^x	3. 1youname	4. $美元
5. While	6. サab12	7. _x	8. sx y
9. break	10. my_name1	11. 高度	12. INT

解答：

3.2.4　Java 语言的分隔符(标点符号)

Java 语言中常用构成句子的标点符号，分割 Java 语言的基本语句、语句块或其他语义功能单元。

注释符　在程序设计语言中，注释不参与整个程序的执行，没有独立的语法职能。程序员经常在程序中插入注释行，对某个语句、标识符、程序段落加以说明，以利于程序员对程序代码的理解和阅读。Java 语言中有几种注释符："//"开头的语句行，是单行注释。"/*"开头，"*/"结尾，称为多行注释，中间可写多行，其间的所有语句都是注释语句。

空白符　空白符包括空格、回车、换行和制表符(Tab 键)等符号，用来作为程序各种基本成分(如：语句)之间的分隔符；和注释符一样，系统编译时，被忽略掉了。

普通分隔符　Java 中的普通分隔符与空白符的作用相同，但普通分隔符在程序中具有一定的语法功能，不能忽略。Java 中有四类普通分隔符：

① "{}"大括号，用来定义复合语句、方法体、类体和数组的初始化；

② ";"分号，是语句的结束标志；

③ ","逗号，分隔方法的参数和变量说明；

④ "："冒号，说明语句的标号。

练一练　3-3

请根据 Java 语言规则，查找下段代码中的错误，并修改使之正确。

```
1: public class S3_1
2: {
3:     public static void main(String args[])
4:     {
5:         String myName="张明",
```

```
6:        int _myAge=1,DOUBLE;
7:        INT gong ling;
8:        double 1gongzi;
9:}
```

解答:

3.3 基本数据类型

在一个大型超市中,每件商品都需要用一组数字编码来标识,如"46709"是儿童车的货号编码,3 表示要出售 3 辆儿童车,350.67 表示儿童车的单价;现实生活中也使用多种基本数据类型,描述具体事物,如:字符型(儿童车编码)、整型(购买儿童车数量)、小数型(儿童车单价)等等。

程序运行时,必须调入到内存中。要想让计算机执行程序发出命令,必须先让计算机具有记忆功能。计算机将人们告诉它的信息保存在一个地方——这就是内存。内存就像人的大脑,需要记住所做事情的名字,以及所需要的空间大小等。计算机中所有的软件和数据都是以"位"来存储和操作的。位数 n 表示内存中给出 n 位空间,能够表达的数据大小是 2^n。(复习图 2-1)。Java 语言根据基本数据类型,开辟变量内存空间大小。Java 语言中的基本数据类型很多。参见表 3-1。表中"位数"一栏,指不同数据类型占用的内存空间大小。

表 3-1　Java 基本数据类型

数据类型	数据类型	位数 n	默认值	取值范围 2^n
布尔型:存储"二选一"的值。如"真"、"假"	boolean	1	false	true、false
字符型:存储任何单个字符。如"e"、"7"等	char	16	'\u0000'	'\u0000'~'\uffff'
整型:存储不带小数点的数。如年龄等	字节型 byte	8	0	−128~127
	短整型 short	16	0	−32 768~32 767
	整型 int	32	0	−2 147 483 648~2 147 483 647
	长整型 long	64	0	−9 223 372 036 854 775 808~9 223 372 036 854 775 807
浮点型:存储带有小数点的数。如 3.14 等	浮点型 float	32	0.0F	1.4E−45~3.402 823 5E+38
	双精度浮点型 double	64	0.0D	4.9E−324~1.797 693 134 862 315 7E+308

在Java语言中除了上表中所列的基本数据类型外，还有复合数据类型(包括类class、接口interface和数组类型array)。复合数据类型将在后续章节中讨论。

3.4　基本类型变量的创建与使用

变量其实是在内存中划分一块固定空间，用于提供程序存放信息和数据的地方而变量名可以标识这个内存空间。在程序运行过程中可以不断地根据需要对变量内容进行修改。

3.4.1　变量的创建

变量创建步骤是声明变量后，对变量赋值：

通过将一种类型赋予一个变量名称，来声明一个变量。声明变量是在一个类或方法的代码块中进行的。声明变量语法如下：

```
数据类型　变量名[,变量名][=初始值];
```

方括号"[]"表示其中的内容是可选项。在语句中不应该出现"[]"。

"变量名"就是标识符。在声明时，可以一次声明多个变量，也可以为任意一个已被声明的变量赋初值。由表3-1可知：

1) 声明布尔型变量

如果一个数据x是布尔型，那么就可以声明x为布尔型boolean。即内存中预留1位，来存储程序运行时产生的x值。如x代表"白"与"黑"，当"白"出现时，将x记为"真"true，当"黑"出现时，将x记为"假"false。

声明语句是：boolean x;

2) 声明字符型变量

如果一个数据x是字符型，即内存中预留16位，来存储程序运行时产生的x值。如x="a"，x="b"等，那么就需要声明x为字符型char。

声明语句是：char x;

3) 声明字节型变量

如果一个数据x是属于－128到127之间的整数数值，那么就需要声明x为字节型byte。即内存中预留8位，来存储程序运行时产生的x值。

声明语句是：byte x;

4) 声明短整型变量

如果一个数据x是属于－32 768～32 767之间的整数数值，那么就需要声明x为短整型short。即内存中预留16位，来存储程序运行时产生的x值。

声明语句是：short x;

5) 声明整型变量

如果一个数据x是属于－2 147 483 648～2 147 483 647之间的整数数值，那么就需要声明 x 为整型 int。即内存中预留 32 位,来存储程序运行时产生的 x 值。

声明语句是：int x;

6）声明长整型变量

如果一个数据 x 是属于－9 223 372 036 854 775 808～9 223 372 036 854 775 807 之间的整数数值,那么就应该声明 x 为长整型 long。即内存中预留 64 位,来存储程序运行时产生的 x 值。

声明语句是：long x;

7）声明浮点型变量

如果一个数据 x 是属于 1.4E－45～3.402 823 5E＋38 之间的一个指数或一个十进制小数点数值,那么就可以声明 x 为浮点型 float。即内存中预留 32 位,来存储程序运行时产生的带有小数的 x 值。

声明语句是：float x;

8）声明双精度浮点型变量

如果一个数据 x 是属于 4.9E－324～1.797 693 134 862 315 7E＋308 之间的一个指数或一个十进制小数点数值,那么就可以声明 x 为双精度浮点型 double。即内存中预留 64 位,来存储程序运行时产生的带有小数的 x 值。

声明语句是：double x;

3.4.2　变量赋值

赋值运算符"＝"被用来对左边的变量进行赋值,由赋值运算符构成的表达式称为赋值表达式,赋值运算符的右边必须是一个表达式。

可以使用两种不同的方法给变量赋值：

➢ 赋常数值。
➢ 将其他变量的值赋予基本数据类型的变量。

读一读　3－4

赋常数值	将其他变量的值赋予基本数据类型的变量

int x=23;
float price=2.25F;
char mrChar='y';
boolean isOpen=false;
	int x=23;
	int y=x;
	float x1=23.1F;
	float y1=x1;
	char custID='A';
	char myChar=custID;
	boolean isWeekEnd=true;
	Boolean isOpen= isWeekEnd;

3.4.3　创建变量小窍门

1. 同时声明多个变量

如果多个数据属于同一变量类型，则可以用一条语句同时声明。但条件是它们必须属于同一类型。

读一读　3－5

x1、x2、y1、y2 都是属于 1.4E－45～3.402 823 5E＋38 之间的小数数值，那么就可以同时声明 x1、x2、y1、y2 为浮点型 float。此例声明语句是：

```
float x1,x2,y1,y2;
```

解读：

在内存中申请开设 4 个 32 位空间，来存储程序运行时产生的带有小数的 x1、x2、y1、y2 值。

2. 声明变量的同时，对变量赋初始值

读一读　3－6

假设一个程序需要计算全年每个月的累计数，如果 x 代表累计次数，则 x 取值范围为 1～12。每次运算时，都需要从第 1 个月开始，因此，声明 x 变量时，就可以对 x 赋初始值为 1。

那么此例声明语句是：

```
byte x=1;
```

想一想： 为什么此例 x 变量声明为字节型 byte 就可以了？

练一练　3－4

某个商店需要一套 POS 售货系统。现已知：该店的配货人员需要知道所售货物是否需要配货的信息；售货员需要知道商品价格和货号信息；该店一般只出售 100 种商品；经理需要知道哪种商品是从哪个柜台和哪个售货员手中售出的；已知该店柜台数量不超过 150 个，并且售货员人数不超过 160 人。试对上述信息声明一组合法、合适的变量。

解答：

3.4.4 在程序中使用变量

在程序中的很多场合，只需在需要的地方加入变量名即可。

读一读 3-7

```
{
  int x=12342;
  int y;
  y=x; //使用x对y赋值。
  x=234234; //再次使用变量x，赋予其新的数值
  system.out.println(y); // 使用变量y
}
```

解读：

该段程序语句实现输出结果是y变量数值的功能。在输出语句中直接将输出内容定义为一个变量，这有助于实现根据变量值不同，显示结果不同的变化式输出结果。**不必更改源代码，变量值不同，结果不同，这是使用变量的优点之一。**

输出结果是：

12342

3.4.5 变量作用域

在Java语言中，类和方法定义了两个基本作用域。关于这两个作用域的讨论，参见后续有关章节。本节只讨论在方法中用大括号括起来的部分(代码块语句)形成的一般意义上的作用域。

作用域的一般原则是：原则一，在作用域之内(在此特指在块语句内)声明的变量对于在该作用域之外的代码不可见，所谓不可见就是不可以使用。这样，当在作用域中声明一个变量时，事实上是将它从授权的访问、修改中保护起来。

原则二，作用域可以嵌套(Nested)。比如，在创建一段代码时，就创建了一个新的、可嵌套的作用域(在此特指在某一个块语句内定义另一个块)。这时，外部的作用域可以包含内部的作用域。这就意味着在外部作用域中声明的变量对内部作用域是可见的。

原则三，内部作用域声明的变量在外部作用域中是不可见的。

原则四，在块语句中定义的变量还要遵从另外一个规则——先定义后使用规则，即在使用某一变量标识符前必须先定义此变量。

变量作用域一般原则：

原则一：在作用域之内(在此特指在块语句内)声明的变量对于在该作用域之外的代码不可见

原则二：外部作用域中声明的变量对内部作用域是可见的
原则三：内部作用域声明的变量在外部作用域中是不可见的
原则四：变量先定义后使用
注：在块语句中一个变量的生存周期是从变量的定义处开始直到该块运行完毕为止
　　不能在块的内部与外部声明具有相同变量名的变量

读一读　3-8

```
//理解变量作用域
1：public class Showdemo
2：{
3：        public static void main(String[] args)
4：        {
5：            //x 在 main 方法中可见，根据原则一。
6：          int x；
7：            x=6；
8：            if(x==6)
9：              { //注意这里又开始新的块了，一个新的作用域。
10：              // y=9；//错误！ 因为 y 还没有定义，根据原则四。
11：                int y；//y 在本块中可见，在本块外是不可见的，根据原则一。
12：               y=x*2；//此处 x 和 y 都是可见的，根据原则一、原则二。
13：              System.out.println("y="+y)；
14：             }
15：            //y=50；//错误！ 因为 y 在 9 行至 14 行程序块中定义，外部不可见，根据原则三。
16：           //x 仍然可见，根据原则一。
17：            System.out.println("x="+x)；
18：      }
19：}
```

程序运行的结果如下：y=12
　　　　　　　　　　x=6

解读：

第 1 步：寻找块语句，即成对的{}：第 9～14 行，第 4～18 行，第 2～19 行。它们成嵌套关系。

第 2 步：检查最内部的块语句。第 9～14 行，第 10 行的 y=9，错误！ 因为 y 还没有定义，根据原则四，变量先定义后使用。将其前面加"//"变为注释行。

第 3 步：检查次内部块语句。第 4～18 行，第 15 行的 y=50；//错误！ 因为 y 在 9 行至 14 行块中定义，外部不可见，根据原则三。将其前面加"//"变为注释行。

在块语句中一个变量的生存周期是从变量的定义处开始直到该块运行完毕为止。

读一读　3-9

```
    //理解变量生命周期
1：public class LifeTime
```

```
2：{
3：      public static void main(String[] args)
4：      {
5：         int x；
6：         for(x=0；x<4；x++)
7：         {
8：            int y=2；//每次进入该块时，y都要被初始化。
9：             System.out.print("y="+y+"")；//y总是输出为2。
10：            //y=100；
11：          }
12：     }
13：}
```

程序输出结果为：y=2 y=2 y=2 y=2

解读：

每次进入 for 循环 y 都被初始化为 2，即使它在紧接着被赋值为 100，在第二次进入该块时，y 还是被初始化为 2。

另外需要注意一点：尽管块可以被嵌套使用，但不能在块的内部与外部声明具有相同变量名的变量。在这一点上，Java 与 C/C++不同。下面的代码在 Java 中是非法的，但在 C/C++中是合法的。

读一读　3-10

```
    //下面程序将导致编译错误
1：public class ScopeError
2：{
3：         public static void main(String[] args)
4：         {
5：            int x=1；
6：            {//创建一个新的作用域
7：            int x=2；//导致编译错误，因为x已被定义。
8：            }
9：         }
10：}
```

解读：

第 1 步：寻找块语句，即成对的{}：第 6～8 行，第 4～9 行，第 2～10 行。它们成嵌套关系。

第 2 步：检查最内部的块语句。第 7 行：int x=2；//导致编译错误，因为 x 已被定义。原则二：外部作用域中声明的变量对内部作用域是可见的。

练一练　3-5

```
    //根据变量可见性规则，修改下面有编译错误的程序，使之能够正确的运行。
1：public class Err_Demo
2：{
```

```
3:    public static void main(String args[])
4:    {
5:         x++;
6:         int x=0;
7:         {
8:           int x=1;
9:           int y=0;
10:            x+=1+y;
11:        }
12:          x*=y;
13:          System.out.println (x);
14:    }
15: }
```

解读：

3.5　常　　量

生活中存在着很多常量，如光的速度恒定不变、某个人的姓名一般不会轻易改变等。Java 语言中的常量是指在程序中直接给出的，常量在整个程序运行中不可改变。常量可以是一个具体的数值或字符串，可作为变量赋值或参与表达式计算。常量的特征是：

- 赋值后不能更改其值；
- 只能在第 1 次定义的位置赋值；
- 使用关键字 final 修饰常量，使其不可被改变。如 final float x=123.2f；
- 如果试图改变一个常量的值，编译器将发出一条错误提示消息。

3.5.1　布尔常量

布尔常量只有 true 和 false 两个值，是真正的常量。在书写布尔常量时不要加引号。

读一读　3-11

```
boolen x=true; //声明 x 为布尔类型，赋初值等于 true，占内存 1 位。
boolen y=false; //声明 y 为布尔类型，赋初值等于 false，占内存 1 位。
```

3.5.2 整型常量

整型常量是不含小数点的整数，常用的整型常量是 32 位有符号的十进制数，整型常量书写时可以按十进制、十六进制和八进制形式书写。

十进制整数 无前缀，由 0～9 这 10 个数码表示；

八进制整数 必须以零开头，由 0～7 这 8 个数码表示；

16 进制整数 必须以 0X 或 0x 开头，由 0～9、A～F 或 a～f 这 16 个数码表示；

长整型整数 必须以 L 或 l 结尾。

读一读 3-12

1. int x=255；//声明 x 为整型，赋初值等于 255.，占内存 32 位。
2. long x=255l；//声明 x 为长整型，因此，计算机将 255 强迫转换为长整型 long 后，赋 x 初值，以保证等号两边类型相符，占内存 64 位。
3. long x=2147483647；//声明 x 为长整型，2,147,483,647 被计算机自动假定为长整型，占内存 64 位。所以等号成立。

3.5.3 浮点型常量

包含一个指数或一个十进制小数点的数值常量是浮点型常量。默认情况下，浮点型常量被默认为双精度浮点型 double；一个浮点数常量后面加上 f 或 F，强迫该常量为 float 型。

读一读 3-13

1. 下列各个数字都是 double 类型，占内存 64 位：
   34.4、78.0、0.23474、1.602E−19
2. 后面加上 f 或 F，强迫该常量为 float 型，占内存 32 位：
   34.4f、78.0F、0.23474F、1.602E−19f
3. double x=34.4；//声明 x 为双精度浮点型 double，赋初值等于 34.4，此 x 在内存中占 64 位。
4. float x=34.4f；//声明 x 为浮点型，在内存中占 32 位，因此需要将 34.4 强迫转换为浮点型 float 后，赋 x 初值，以保证等号两边类型相符。

整数常量默认为 32 位的 int 型，若在数值后面加上 L 或 l，则表示为 64 位的 long 型，如 255，255l。

一个浮点数常量后面加上 f 或 F，就表示其为 float 型常量，如 255.2f。

一个浮点数常量后面加上 d 或 D，就表示它是 double 型常量，如 255.2D。

不加后缀的浮点数被默认为 double 型浮点数，如 255.2。

3.5.4　字符型常量

在 Java 中字符型常量也有两种书写形式：一种是由一对单引号(‘’)括起来的单个字符;另外一种就是直接写出字符编码。

表 3－2　转义字符

转义字符	Unicode 编码	功　能
‘\b’	‘\u0008’	退格
‘\r’	‘\u000d’	回车
‘\n’	‘\u000a’	换行
‘\t’	‘\u0009’	水平制表符
‘\f’	‘\u000c’	进纸
‘\’’	‘\u0027’	单引号
‘\’	‘\u0022’	双引号
‘\\’	‘\u005c’	反斜杠

读一读　3－14

下列各个数字都是字符型常量,占内存 16 位：‘中’、‘a’、‘G’、‘+’、‘せ’和‘タ’

char x=‘中’；//声明 x 为字符型,赋初值等于‘中’,此 x 在内存中占 16 位。

char x=‘\u0041’；//声明 x 为字符型,赋初值等于‘A’,此 x 在内存中占 16 位。

char x=‘\u005c’；//声明 x 为字符型,赋初值等于‘\’(参见表 3－2),此 x 在内存中占 16 位。

3.5.5　字符串型常量

在 Java 中字符串常量是用一对双引号(“”)括起来的有限长字符序列,不要将只有一个字符的字符串与字符常量相混淆,转义字符也可包含在字符串中。

字符串常量只能用双引号括起来,不能用单引号；
字符串常量可以是 0 个字符、单个字符或多个字符；
多个字符串可通过连接符“+”连接起来,组成一个更长的字符串。

读一读　3－15

下列为字符串型常量。

1) “” //表示空串

2) “\” //表示只包含一个双引号的字符串(参见表 3－2)

3）“student” //表示一个字符串
4）“我的名字\n 叫张明。” //表示两行字符串，\n 表示换行(参见表 3-2)。显示在两行上。
5）“I”+“am”+“a student.” //表示字符串的连接，即“I am a student.”
6）“b” //表示一个字符串
7）注意：‘b’——单引号(‘’)括起，代表字符型，而不是字符串。

3.5.6 符号常量

符号常量又叫最终变量，即最终不可再变的变量。其实，它只是为其他常量起了一个别名罢了。符号常量的定义格式为：

```
final  类型  标识符 =常量;
```

注：不要试图改变一个符号常量的值，下面对 PI 的赋值必然引起编译错误。如：PI=0.1。

读一读 3-16 final double PI=3.141 592 6; 声明 PI 为双精度浮点型 double，并赋初值为 3.141 592 6。同时起了一个别名叫 PI。	注释：final 强调 PI 在程序中永远不可改变。在程序中只要出现 PI 就表示 3.141 592 6 这个双精度浮点型的常量。

练一练 3-6

请指出下列常量的书写形式是否合法，若合法请说明其类型。

1. True　　2. “'”　　3. “A”
4. ‘A’　　5. ‘abc’　　6. final float a=3.141 5

解答：

3.6 数据类型转换

在程序设计时经常会遇到涉及不同类型的数据之间的相互操作。比如：一个浮点数和一个整数相加。由于浮点数和整数的数值域范围不同，占用的内存位数也不同，那么它们之间如何计算呢？在 Java 中有两种类型转换原则：一种是自动类型转换原则，另一种是强制类型转换原则。

3.6.1　自动类型转换(隐式转换)

自动类型转换要求被转换的变量的信息不能丢失，这就要求一定是占用的内存位数少的数据类型向占用的内存位数多的数据类型转换，一定是数据表示范围窄的数据类型向数据表示范围宽的数据类型进行转换，即所谓的提升。其转换规则如图 3－1 所示。

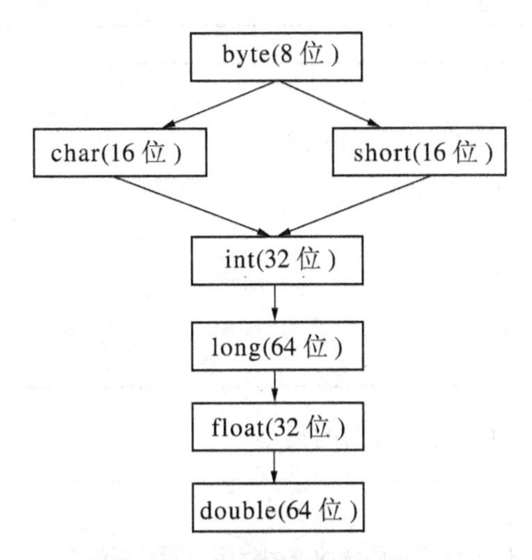

图 3－1　数据类型自动转换规则

自动转换规则

- byte → short，char，int，long，float，double
- short → int，long，float，double
- char → int，long，float，double
- int → long，float，double
- long → float，double
- float → double

读一读　3－17

```
char x='a';
short y=89;
int z=34;
float q,g=80;
q=g*8/x+y+z;
```

解读：

根据图 3－1 知，在计算 q 时，计算机自动将 x、y、z 转换为 float 型进行计算。

3.6.2 强制类型转换

如果占用的内存位数多的数据类型，向占用的内存位数少数据类型转换；或者说数据表示范围宽的数据类型，向数据表示范围窄的数据类型进行转换，就有可能丢失原始的数据信息。此类转换不属于如图 3－1 所示的自动类型转换，它们必须用强制类型转换才能实现，否则 Java 语言编译时不允许通过。强制类型转换的语法形式如下：

(类型名)变量名、常量或表达式

必须执行强制转换的情况：

□byte ← short，char，int，long，float，double

□short ← int，long，float，double

□char ← int，long，float，double

□int ← long，float，double

□long ← float，double

□float ← double

强制类型转换并不影响被转换数据的类型。

练一练 3－7

请为本章“学习场景”中的王明同学的查询程序声明必要的变量。

```
1：Public class type_variable_use
2：{
3：      Public static void main (String args[ ])
4：      {
5：            //用 y、m、d 用来分别存放熊猫的出生年、月、日
6：            //用 h、w 用来分别存放熊猫的身长和体重
7：      }
8：}
```

解答：

3.7　运算符与简单表达式语句

程序进行变量声明后，计算机记住了将在程序中出现的变量，并在内存中开辟了一定的空间存放其具体内容。在 Java 语言中，根据不同的运算符，写出不同的表达式，就是一条简单的 Java 语句，计算机根据表达式语句，对变量执行运算操作。

在 Java 语言中，**语句**是程序控制流的组成单元。在 Java 中最为常见的一种简单语句是表达式后面加一个分号，这种语句成为**表达式语句**。

按照运算符功能来分，运算符有 7 种：赋值运算符、算术运算符、关系运算符、条件运算符、逻辑运算符、位运算符和其他运算符。

若按照运算符所连接的操作数的多少来分，有一元运算符、二元运算符和三元运算符。

> 在对变量进行运算操作前，必须先声明变量。即遵循“先定义，后使用”的规则。

3.7.1　赋值运算符

由赋值运算符构成的表达式称为赋值表达式。赋值运算符“＝”用来对左边的变量进行赋值，赋值运算符的右边必须是一个表达式。

> 赋值表达式：由赋值运算符“＝”构成的表达式称为赋值表达式

一个赋值表达式可以包含另一个赋值表达式。例如：x＝y＝z＝23，相当于 3 个赋值表达式 x＝23，y＝23，z＝23。

表 3－3　赋值运算符

运算符	功　能	例　子	等价表示
＝	将右边表达式的计算值赋给左边变量	x＝5＋2，将 7 赋值给 x	
＋＝	左右两边相加，结果赋给左边变量	x＝1，x＋＝5＋2，将 8 赋值给 x	x＝x＋5＋2
－＝	左右两边相减，结果赋给左边变量	x＝8，x－＝1，将 7 赋值给 x	x＝x－1
*＝	左右两边相乘，结果赋给左边变量	x＝1，x*＝5＋2，将 7 赋值给 x	x＝x*(5＋2)
/＝	左除以右，结果赋给左边变量	x＝7，x/＝5＋2，将 1 赋值给 x	x＝x/(5＋2)
%＝	左除以右，余数赋给左边变量	x＝7，x%＝5＋2，将 0 赋值给 x	x＝x%(5＋2)

3.7.2　算术运算符

算术运算符用来对变量进行算术运算，由算术运算符构成的表达式称为算术表达式。

> 算术表达式：由算术运算符构成的表达式称为算术表达式。

表 3-4　算术运算符

运算符	功　能	例　　子	说　　明
－	取负	－x	单目运算符,将 x 取负值
＋＋	自加一	x＋＋,＋＋x	单目运算符,等价于 x＝x＋1
－－	自减一	x－－,－－x	单目运算符,等价于 x＝x－1
*	乘	x＝2,x＝5 * x,将 10 赋值给 x	双目运算符
/	除	int x＝8/5；将 1 赋值给 x float x＝8f/5f；将 1.6f 赋值给 x	双目运算符。若两边都是整数,则结果取商的整数部分。
%	取余数	x＝7,x＝x%(1＋2),将 1 赋值给 x	双目运算符,两个数相除取余数。
＋	加	x＝2,x＝x＋4，将 6 赋值给 x	双目运算符,
－	减	x＝4,x＝x－2，将 2 赋值给 x	双目运算符,

若参与算术运算的操作数的类型不相同,则按数据类型转换规则进行数据转换。

读一读　3-18

```
long x=23L;
int y=34;
char s='a'
z=x+y+s
```

解读:

程序运行结果 z＝154,且按照自动类型转换规则,int y 和 char s 向位数长的 long x 转换,所以 z 为一个长整型 long。

＋＋和－－运算符与其他运算符相比有它们的独特的特点:

若操作数写在它们的前面,形如: x＋＋或 x－－,表示"先到内存中取出操作数 x 用于其他操作,再让 x 自加/减 1"。

若操作数写在它们的后面,形如: ＋＋x 或－－x,则表示"先对内存 x 自加/减 1,再取出操作数 x,用于其他操作"。

读一读　3-19

```
int i=12,j=14;
int x=i++; //结果 x=12, i =13, j=14, i 在++的左边,所以先取内存中 i 的值,赋给 x
                                        后,再对 i 进行自加 1 操作。
int y=--j; //结果 x=12, i =13, j=13, y=13, j 在"-"的右边,所以先取内存中 j 的值,
                                        对 j 进行自减 1 操作,再将 j 赋给 y。
```

3.7.3　关系运算符

在日常生活中,经常遇到要处理数值比较的问题。例如: 在某个公司的职工工资系统中,要为工龄在 10 年以上的员工发放奖金,则要做一个员工工龄与 10 的比较。

那么在计算机中如何实现数值之间的比较,比较的结果又是以什么形式来反映呢? 在 Java 中,这类数值比较用关系运算符来实现,且比较后的结果用一个布尔类型的值来反映。

即：若比较的结果为 true，则表示满足该关系；若为 false，则表示不能满足。由关系运算符构成的表达式称为关系表达式。

关系表达式：由关系运算符构成的表达式称为关系表达式。

表 3-5　关系运算符

运　算　符	比 较 关 系	例　　子
>	大于	8>6→true， 'a'>'b' →false
<	小于	8<6→false 'a'<'b' →true
>=	大于等于	5>=3→true 'a' >='b' →false
<=	小于等于	5<=3→false 'a' <='b' →true
==	等于	x=3，x==3→true 'a'='b' →false
！ =	不等于	x=3，x!=3→false 'a'！ ='b' →true

关系运算符两边可比较的数的类型可以是整型和浮点型，也包括字节型和字符型数据。但关系运算符不可用于两个布尔量之间的比较。两个字符的比较实际上是用两个字符的编码值来比较，例如'a'的编码比'b'的编码小，所以'a'<'b'成立。

3.7.4　逻辑运算符

前面所涉及的判断情况较简单，只需比较员工的工龄是否大于 10 即可。若现在设置的条件是：工龄超过 10 年，**“并且”**完成月度工作任务的员工发奖金。该语义的表达就不是一句关系表达式能够完成的了，必须要借助于逻辑运算符才能实现。由逻辑运算符构成的表达式称为逻辑表达式。

逻辑表达式：由逻辑运算符构成的表达式称为逻辑表达式。

表 3-6　逻辑运算符

运算符	逻辑运算	例　　子	说　　明
!	逻辑非	！(8>6)→false “8>6”不是真的。这句话说错了。	将表达式的值，真变假，假变真
&&	逻辑与	8<6&&5>=3→false “8<6”并且“5>=3”是真的。这句话说错了。	在参与逻辑运算的所有表达式中，所有表达式的值为真时，结果为真。

（续表）

运算符	逻辑运算	例　子	说　明
||	逻辑或	8<6||5>=3→true “8<6”或者“5>=3”是真的。这句话说对了。	在参与逻辑运算的所有表达式中，只要有一个表达式的值为真，结果就为真。
∧	逻辑异或	8<6∧5>=3→true 左边为假，右边为真。两边不同，所以结果就为真。	参与异或运算的两个表达式的值，不同时，结果就为真。相同时，结果就为假。

逻辑运算符所用的操作数或表达式的值必须是布尔类型的量，也可以直接将布尔量放入逻辑运算符中参加运算。

读一读　3-20

1. 6>3&&true，则该表达式的值为 true。
2. 若设员工工龄为 x，员工月度工作量为 y，员工月度必须完成的基本工作量为 2 000。则为工龄超过 10 年，“并且”完成月度工作任务的员工发奖金时，条件语义用计算机语言表达为：$x>10\&\&y>=2\,000$。

3.7.5　条件运算符

条件运算符由“?”和“：”构成。条件运算符与上述运算符略有不同，它是三目运算符。其表达式的结构如下：

表达式 1 ？表达式 2：表达式 3

条件表达式：由条件运算符构成的表达式称为条件表达式。

其执行的流程如图 3-3 所示：

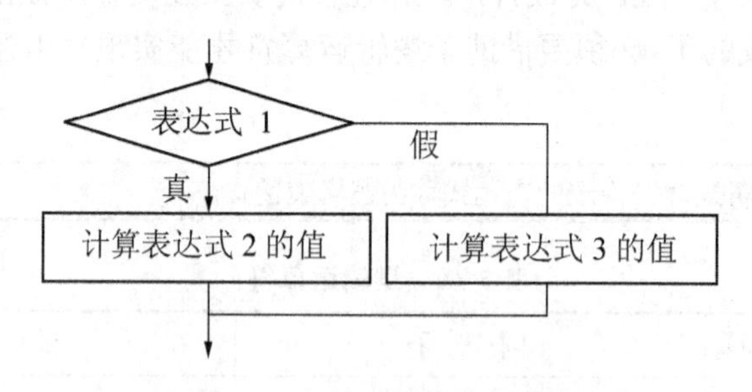

图 3-3　条件运算符的执行流程

条件表达式的计算过程是：首先计算“条件”的逻辑表达式或关系表达式的值；若结果为 true 则转计算表达式 2 的值，结束后，把表达式 2 的值作为整个条件运算表达式的值；若结果为 false 则计算表达式 3 的值，结束后，把表达式 3 的值作为整个条件运算表达式的值。

读一读　3-21

```
int x=32;
x=x>40? 4: 5;//如果 x>40 则 x=4,否则 x=5
```

则 x 的最后结果为 5。

3.7.6　运算符优先级别

现在已经学会了大致怎样使用运算符了。若在一个表达式中出现含有多种运算符的情况,计算机到底应该先计算哪个呢？在 Java 中规定了运算符的优先级别来解决这一问题。如表 3-7。

该表从高到低列出了运算符的优先级别。同一行的运算符的级别相同,若同一优先级别的运算符同时出现在表达式中,则位于表达式最左侧的运算符先计算。

表 3-7　运算符优先级

优　先　级	运　算　符
1	.、[ ]、( )、expr++、expr−−
2	++expr、−−expr、!、~、−
3	New、(type)
4	*、/、%
5	+、−
6	<<、>>、>>>
7	<、>、<=、>=、Instanceof
8	==、!=
9	&
10	∧
11	|
12	&&
13	||
14	?:
15	=、opr=

说明　其中 expr++表示操作数在++的左边,++expr 表示操作数在++的右边,同理可知 expr−和−expr。(type)表示强制类型转换,type 表示某个类型。opr=表示+=、−=、*=等复合运算符。

读一读　3-22

```
int a=4,b=8; //声明 a、b 为整型变量,并赋初值
a+=4*b //则 a 的值为 36
b*=a++*3 //则 b 的值为 96,a 的值为 5
```

练一练　3-8

请指出下面程序的输出结果,体会各种表达式的使用方法。

```
1: public class expression1{
2:          public static void main( String args[ ]){
3:            int x=5,b=3,h;
4:            double a=2.7;
5:            h=x/b+x%b;
6:                  System.out.println("h="+h);
7:                  a=h*b+x/b*a;
8:                   System.out.println("a="+a);
9:          }
10: }
```

解答:

```
1: public class expression2{
2:    public static void main( String args[ ]){
3:          int x,y,z;
4:          x=y=z=6;
5:          x=++y+z++;
6:          System.out.println("x="+x+"y="+y+"z="+z);
7:          x=y++-++z;
8:          System.out.println("x="+x+"y="+y+"z="+z);
9:          x=y--+--z;
10:           System.out.println("x="+x+"y="+y+"z="+z);
11:    }
12: }
```

解答:

```
1: public class expression3{
2:          public static void main( String args[ ]){
3:              boolean x,y;
```

```
4:      x=5>6||3*7<12&&!(6<-2);
5:      y=3==6&&9<6*7||4+7<51+3&&!x;
6:      System.out.println("x="+x+"y="+y);
7:   }
8: }
```

解答：

本章小结

一条简单Java语句由单词、标点、运算符组成。数据类型决定了数据的表达方式、取值范围和可用操作，每种类型的数据都可分为常量与变量两大类。常量的类型由其书写的形式决定；变量的类型由程序员显式地声明，并且要遵循“先定义，后使用”的规则。

表达式是一种简单Java语句，由运算符和操作数组成，用于对数据进行运算处理。一个表达式的求值结果有两重含义：一是表达式的值，二是表达式的类型，该类型要遵循类型的自动转换和类型的强制变换原则。表达式的计算结果不仅取决于运算符，而且还与运算符执行的次序密切相关，运算符的执行次序取决于运算符的优先级别和结合性质。

本章实训

写出一个简单Java程序，参见“实训部分，实训3”。

本章习题

1. 下列单词哪些是Java的合法标识符？如不是，请说明理由。

   1rt　　final　　INT　　My@E_mail　　_int　　number2.6

2. 下列常量中哪些是合法常量，为什么？

   0xAb67g　　0678　　.1234　　0.23E−234　　‘abc’　　‘a’　　“A”　　“abc”

3. 求出下列表达式的值。

1) 设x=2.5，a=8，y=4.7，则表达式 3*9%a+(int)((3+9)*x)/4*y 的值是多少。

2) 设x=10，请写出下列表达式运算完毕后x的值

   x+=x

   x-= -5

   x*=2+3

   x/=8%3

   x%=4

3）设 $a=6,b=-4$，请写出下列各表达式的值，和运算完毕后 a 和 b 的值。

$--a\%++b$

$a<10\&\&a>10?\ a:b$

4. 请考虑要完成下列情况的程序中可能涉及哪些变量、哪些常量，并一一写出声明语句。

1）张明的一家形象设计店刚刚开张，为了做宣传，他准备做一次活动。他分发了一些优惠券，其折扣率有 10%、20%、30% 3 种。该店的外形设计 565 元、发型设计 326 元、美甲 130 元和整容 1 680 元。请现在创建一个程序，允许接待人员按优惠券的折扣率为客户折算费用或不打折，然后选择一项服务。请写出变量声明语句＋赋值语句。

2）设计一个程序来计算计件工人的酬劳。工人生产的产品越多，计算酬劳时每一件的单位酬劳通常是越多。其规则如下：

完成的件数	每一件的酬劳
1～199	0.50 元
200～399	0.55 元
400～599	0.65 元
600 以上	0.65 元

3）某国海关规定进口成衣按 A、B、C、D 四类收取关税。其税率如下：

成衣类型	税率
A	20%
B	15%
C	10%
D	5%

请写出变量声明语句＋赋值语句。

4）已知某桥梁收费站规定：20 吨以上的大货车的过桥费为 20 元、10～20 吨之间的货车的过桥费为 15 元、10 吨以下的货车的过桥费为 10 元、30 座以上的客车的过桥费为 15 元、20～30 座的客车的过桥费为 10 元、20 座以下的客车的过桥费为 5 元、轿车的过桥费为 15 元。请写出变量声明语句＋赋值语句。

第4章 分支控制与循环控制语句

学习目标

- 掌握Java语言的分支结构——if语句和switch语句
- 掌握Java语言循环结构——while语句、do...while语句和for语句

生活场景

生活中存在许多分支控制与循环的事情。如,用户取款操作时,如果所取货币金额大于该信用卡最大允许支出额,则将被拒绝取款操作;反之,则划割金额给用户,并将信用卡余额减去所取金额。老师按照相同的方法逐一计算全班各个学生的总成绩和平均成绩,就是一种循环操作。

学习场景

面对现实世界存在的分支和循环情况,需要学习编程中经常被使用的3种结构——顺序、分支和循环,解决现实世界的分支和循环问题。以后再进一步学习面向对象编程,最终掌握复杂信息系统开发技术。

4.1 if条件控制

使用if可以在某一条件为"真"的情况下执行某些语句,if结构能够使程序根据存储值做出简单判断。

4.1.1 基本的if结构

Java语言的基本if结构有两种形式:

第1种		第2种	

if(Expr)
{
代码块Stmi
 	
}
	自然语言:
	如果表达式Expr为真,则运行Stmi
		if(Expr)
		{
		代码块Stmt1
		
		}
		else
			自然语言:
			如果表达式Expr为真,则运行Stmi,否则,运行Stmt2

（续　表）

第1种		第2种	

		{
		代码块 Stmt2
		}	

注：如果 Stmt、Stmi、Stmt2 只有一行语句，可以省写“{}”。			

其中，if 和 else 是 Java 语言中的保留字；Expr 是一个结果为布尔类型的表达式，称为 if 语句的条件表达式；语句 Stmt、Stmt1、Stmt2 称为 if 语句的子语句，它们可以是单语句、块语句和空语句。在不带 else 的 if 语句中，如果 Expr 的结果为 true 则执行语句 Stmt，否则将不执行语句 Stmt。在带 else 的 if 语句中，如果 Expr 的结果为 true 则执行语句 Stmt1，否则将执行语句 Stmt2。

读一读　4-1

求 3 个数中的最大一个数，并输出这个最大数。

解：伪　码

```
提示用户输入 3 个数 a、b、c;
IF a>b THEN
   令最大值 max=a;
ELSE
   令最大值 max=b;
ENDIF
IF max<c THEN
   令最大值 max=c;
ENDIF
输出最大值 max;
```

盒　图

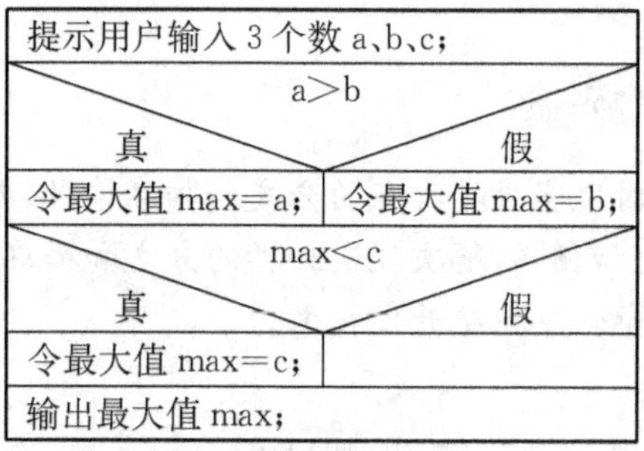

提示用户输入 3 个数 a、b、c;

a>b

真　　假

令最大值 max=a; | 令最大值 max=b;

max<c

真　　假

令最大值 max=c;

输出最大值 max;

```
//程序 Max .java(可只阅读阴影部分)
1: import java.io.*;
2: public class Max
3: {
4:    public static void main(String args[])
5:    {
6:          double a,b,c,max;
7:          System.out.println ("请输入 3 个数，分别给变量 a,b,c。");
8:          try //下面代码是提示用户输入 3 个数 a、b、c，并输入。这里我们先不关心这些输
            入语句；
9:          {
10:              BufferedReader in=new BufferedReader(new InputStreamReader(System.in));
```

```
11:         System.out.print("a=");
12:         String inputLine=in.readLine ();
13:         a=Double.valueOf (inputLine).doubleValue ();
14:         System.out.print("b=");
15:         inputLine=in.readLine ();
16:         b=Double.valueOf (inputLine).doubleValue ();
17:         System.out.print("c=");
18:         inputLine=in.readLine ();
19:         c=Double.valueOf (inputLine).doubleValue ();
20:     }
21:     catch(Exception e)
22:     {
23:     System.out.println ("您输入的数据有误!");
24:     return;
25:     }
26:     if(a>b) //下面代码是比较 3 个数 a、b、c 的大小,并输出。
27:        max=a;
28:     else
29:       max=b;
30:     if(max<c)
31:      {
32:         max=c;
32:      }
33:        System.out.println ("这 3 个数的最大的一个为: "+max+"。");
34:   }
35: }
```

输出结果如图

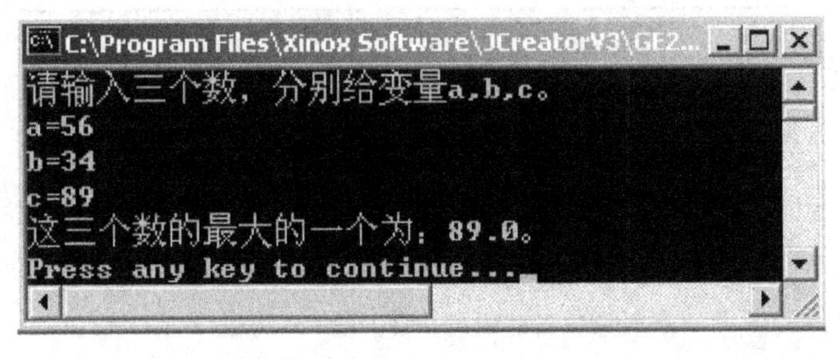

解读:

第 26~32 行,分别用了一个带 else 和一个不带 else 的 if 语句完成了 3 个数的大小比较。在程序的第 30 行由于只需处理表达式——max<*c* 的值为 true 的分支,所以把 else 省略了,即用一个不带 else 的 if 语句来完成操作。

小知识:

在上例程序 Max.java 中,利用了 Java 语言的输入机制,使用户可以通过键盘输入 3 个双精度浮点型的数据。在此不介绍该输入机制的原理，只介绍其使用的一般方法。

1. 声明 Java 语言预定义的输入/输出包：import java. io. * ；如程序 Ma x. java 中的第 1 行。

2. 读入键盘数据：

BufferedReader in=new BufferedReader(new InputStreamReader(System. in))；//

String inputLine=in. readLine()；

程序将用户在键盘上输入的一行内容存放到字符串类型的变量 inputLine 中，用户输入时以回车键表示一行内容的结束。变量名 inputLine 是程序员自己命名的，如程序 Max .java 中的第 10、12 行。

3. 类型转换：

若程序要求用户输入的不是一个字符串类型的数据，而是 int、float 或 double 类型的数据，此时就必须在程序中将以上述方式获得的字符串转换为这些类型的数据。语句如下：

int value1=Integer. valueOf(inputLine). intValue()；//转换为整型数据

float value1=Float. valueOf(inputLine). floatValue()；//转换为 float 型数据

int value1=Double. valueOf(inputLine). doubleValue()；//转换为 double 型数据

如程序 Max .java 中的第 13、16、19 行。

4. 异常检测：

从输入/输出设备中读入数据时，将有可能产生 I/O 异常。Java 可以通过 try 和 catch 语句捕获异常。(具体的原理和使用方法，请大家参见第 11 章——异常处理)一般将可能出现异常的输入语句和类型转换语句放在 try 后面的花括号中，将发现异常后的处理操作放在 catch 后面的花括号中，如程序 Max .java 中的第 8～25 行。

4.1.2 if 语句的嵌套

普通 if 语句中的 Stmt1、Stmt2 本身又是 if 语句结构，称之为 if 语句的嵌套

```
if(Expr)
{
    代码块 Stmt1      //任意数目的语句，可能是 if 语句。
}
else
{
    代码块 Stmt2       //任意数目的语句，可能是 if 语句。
}
```

如：

```
if(条件表达式 1)
    代码块 s1；
else
    {
      if(条件表达式 2)
```

```
        代码块 s2;
    else
        代码块 s3;
}
```

解读：

在这里依次计算条件表达式，如果条件表达式 1 的结果为 true，则执行代码块 s1 语句，其余部分不执行；如果条件表达式 1 为 false 而条件表达式 2 为 true，则执行代码块 s2 语句；如果条件表达式 1 为 false 而条件表达式 2 亦为 false，则执行代码块 s3 语句。

读一读　4-2

任意输入一个学生数学成绩，要求按如下规则输出学生数学成绩等级：

1. 90≤学生数学成绩≤100：输出"优秀"；
2. 80≤学生数学成绩<90：输出"良好"；
3. 60≤学生数学成绩<80：输出"及格"；
4. 学生数学成绩<60：输出"不及格"。

注意：输入的成绩不能大于 100 分，小于 0 分。

第 1 种方案：伪码

```
提示用户输入学生数学成绩 Score;
if Score<0 || Score>100 then
  输出"输入成绩超出范围"
if Score>=90 && Score<=100 then
  输出"优秀";
if Score>=80 && Score<90 then
  输出"良好"
if Score>=60&& Score<80 then
  输出"及格";
if Score<=60 then
  输出"不及格";
```

第 1 种方案解读：

此方案为条件语句的顺序执行。

将输入数值直接 Score 分别代入上述 4 个条件中去试，只要有一个条件满足即可输出相应的成绩等级。但在程序中要执行 4 次条件运算，在运算量较小时这种方案还可以容忍，但在比较运算量大时，计算机处理开销太大。

第 2 种方案：伪码

```
提示用户输入学生数学成绩 Score;
if Score>=0 && Score<=100 then
{
    if Score≥90 then
      输出"优秀";
    else
      {
        if Score≥80 then
       输出"良好";
      else
      {
```

```
        if Score≥60 then
          输出"及格";
        else
          输出"不及格";
      }
    }
}
else
输出"输入成绩超出范围"
```

第 2 种方案的程序 Socre. java

```
1：import java.io.*;
2：public class Score
3：{
4：   public static void main(String args[])
5：   {
6：        double Score;
7：         try //下面代码是提示用户输入学生的数学成绩。
8：          {
9：             BufferedReader in=new BufferedReader(new InputStreamReader(System.in));
10：            System.out.print ("请输入一个学生的数学成绩：");
11：            String inputLine=in.readLine ();
12：            Score =Double.valueOf (inputLine).doubleValue ();
13：        }
14：        catch(Exception e) //捕获错误
15：        {
16：           System.out.println ("您输入的数据有误!");
17：           return;
18：         }
19：        if(Score>=0 && Score <=100)//第一层 if 语句开始
20：           {
21：             if(Score >=90)//第二层
22：               {
23：                  System.out.println ("该学生数学成绩等第为：优秀。");
27：               }
28：             else//第二层 if 语句后跟的 else 部分
29：               {
30：                 if(Score >=80) //第三层
31：                    System.out.println ("该学生数学成绩等第为：良好。");
32：                     else
33：                  if(Score >=60) //第二层(处在第一层 if 语句的 else 部分)
34：                  System.out.println ("该学生数学成绩等第为：及格。");
35：                  else
36：                       System. out. println("该学生数学成绩等第为：不及格。");
```

```
37:              }//第二层 if 语句的 else 块结束
38:          }//第一层 if 语句上半部分结束
39:          else//第一层 if 语句的 else 部分开始
40:              System.out.println ("输入成绩超出范围。");
41: }
42: }
```

程序运行结果：

```
C:\Program Files\Xinox Softw...
请输入一个学生的数学成绩：80
该学生数学成绩等第为：良好。
Press any key to continue...
```

解读：

阴影部分实现了第 2 种方案的分支控制。

动脑筋想一想是否还有更快一些的判断办法。

4.1.3　switch 语句

虽然嵌套的 if 条件语句可以实现多分支处理，但嵌套太多很容易造成混乱并出错，在 Java 语言中可以使用开关语句 switch 进行处理来简化问题。实际上开关语句 switch 也是一种 if...else 结构，不过它使得编程时很容易写出判断条件，特别适合用于有许多条件判断的情况。

开关语句 switch 的语法结构如下：

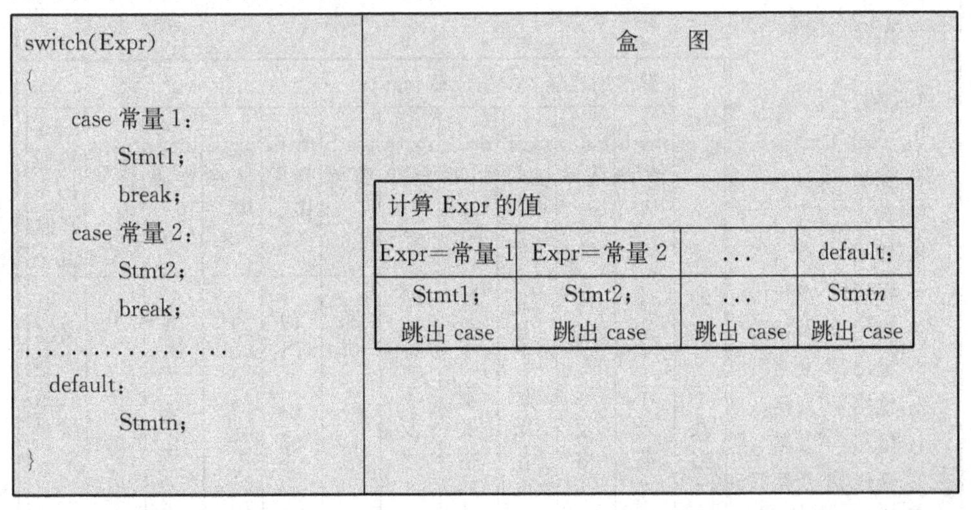

```
switch(Expr)
{
    case 常量 1:
        Stmt1;
        break;
    case 常量 2:
        Stmt2;
        break;
..................
  default:
        Stmtn;
}
```

盒　图

计算 Expr 的值			
Expr＝常量 1	Expr＝常量 2	...	default:
Stmt1; 跳出 case	Stmt2; 跳出 case	... 跳出 case	Stmtn 跳出 case

其中 switch、case、default 是关键字，default 关键字可以省略。开关语句先计算 Expr 表达式的值(表达式的值为整数或字符型)，然后将表达式的值与各个常量依次比较，若有某个常量与表达式的值相等，就执行该常量后面的语句。若全部都不相等，就执行 default 下

面的语句。如果无 default 子句，就什么都不执行，直接跳过开关语句。

使用开关语句时，一定要注意以下两个问题：

① case 后面的常量必须是整数或字符型，而且不能有相同的值；

② 通常在每个 case 中都应该使用 break 语句提供一个出口，使流程跳出开关语句；否则，在第一个 case 后面的所有语句都会被执行，这种情况叫落空。关于 break 语句，将在后续章节中讨论。

读一读　4－3

上例用 if 语句的嵌套形式来完成的，现在能否改为用开关语句 switch 实现呢？

现考虑学生成绩与等级对应规则：

1) 90≤学生数学成绩≤100：输出"优秀"；

2) 80≤学生数学成绩<90：输出"良好"；

3) 70≤学生数学成绩<80：输出"中等"；

4) 60≤学生数学成绩<70：输出"及格"；

5) 0≤学生数学成绩<60：输出"不及格"。

注意：学生数学成绩>100 或者学生数学成绩<0，提示输入成绩超出范围；从规则 3、4、5 可知：若输入的学生数学成绩的十位上的数值为 8，则可知输出应为"良好"；数值为 7，则输出应为"中等"；数值为 6，则输出应为"及格"。从规则 1、2 可知：若输入的学生数学成绩的十位上的数值为 9 或学生数学成绩整除 10 后结果为 10，则输出应为"优秀"。若学生数学成绩的十位上的数值为 5、4、3、2、1、0，则输出应为"不及格"。根据上述思路，可得到如下用盒图和伪码描述的算法。

伪　码

```
提示用户输入学生成绩 math;
switch( math 整除 10)
{
  10：输出"优秀"；
  9：输出"优秀"；
  8：输出"良好"；
  7：输出"中等"；
  6：输出"及格"；
  5：输出"不及格"；
  4：输出"不及格"；
  3：输出"不及格"；
  2：输出"不及格"；
  1：输出"不及格"；
  0：输出"不及格"；
  其他值：输出"输入成绩越界"
}
```

盒　图

提示用户输入学生成绩 math；											
math 整除 10 =0	math 整除 10 =1	math 整除 10 =2	math 整除 10 =3	math 整除 10 =4	math 整除 10 =5	math 整除 10 =6	math 整除 10 =7	math 整除 10 =8	math 整除 10 =9	math 整除 10 =10	math 整除 10 = 其他值
输出"不及格"	输出"不及格"	输出"不及格"	输出"不及格"	输出"不及格"	输出"不及格"	输出"及格"	输出"中等"	输出"良好"	输出"优秀"	输出"优秀"	输出"输入成绩越界"

根据描述的算法可得程序 Socre1. java

```
1: import java. io. * ;
2: public class Score1
3: {
4:    public static void main(String args[])
5: {
6:          double math;
7:          try //下面代码是提示用户输入一个学生的数学成绩。
8:          {
9:             BufferedReader in=new BufferedReader
                                 —(new InputStreamReader(System. in));
10:            System. out. print ("请输入一个学生的数学成绩: ");
11:            String inputLine=in. readLine ();
12:            math=Double. valueOf (inputLine). doubleValue ();
13:          }
14:          catch(Exception e)
15:          {
16:            System. out. println ("您输入的数据有误!");
17:            return;
18:          }
20:          switch ((int)math/10)
21:          {
22:            case 10:
23:            case 9:
24:                 System. out. println ("该学生数学成绩等第为: 优秀。");
25:               break;
26:            case 8:
27:                System. out. println ("该学生数学成绩等第为: 良好。");
28:               break;
29:            case 7:
30:                 System. out. println ("该学生数学成绩等第为: 中等。");
31:               break;
32:            case 6:
33:                 System. out. println ("该学生数学成绩等第为: 及格。");
34:               break;
35:          case 5:
36:          case 4:
37:          case 3:
38:          case 2:
39:          case 1:
40:          case 0:
41:                 System. out. println ("该学生数学成绩等第为: 不及格。");
42:             break;
43:          default:
44:                System. out. println ("输入数据超出范围");
45:        }
46:    }
47: }
```

解读：

“case 10：”和“case 9：”的输出是一样的“优秀”；“case 5：”、“case 4：”、“case 3：”、“case 2：”、“case 1：”和“case 0：”输出都是“不及格”。那么可以采用落空的“case”处理，case 内部不写 break，使得程序顺序执行下一条 case 语句。

4.2 循环语句

在程序设计语言中，循环操作能够多次重复检查一种判断条件，以反复执行某个代码块。循环也能够递增或递减被检查的项，以控制重复操作的次数。

Java 语言有 3 种循环语句：

while 语句

do...while 语句

for 语句

4.2.1 while 循环语句

while 语句是最基本的循环结构，其特点是先判断条件为 true，后运行循环体，直至判断条件为 false，中断循环。其形式为：

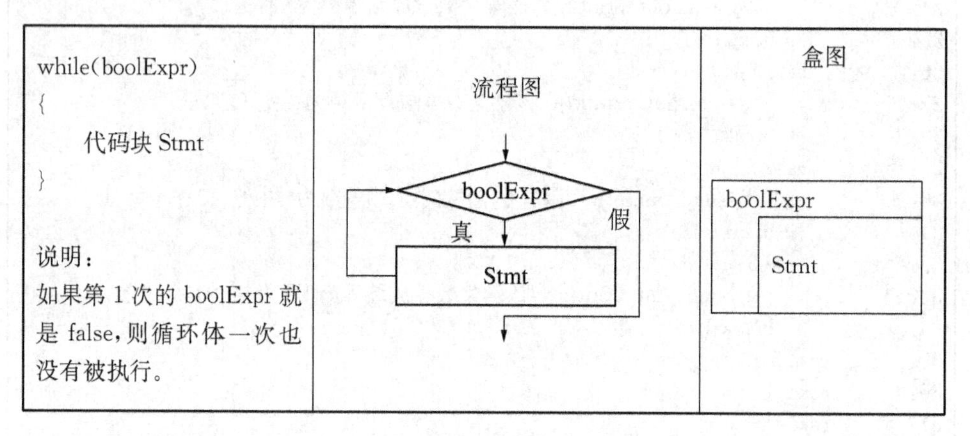

其中，while 是保留字；boolExpr 是一个求值结果为布尔类型的表达式，称为循环条件表达式；循环体 Stmt 是 while 语句的子语句，既可以是单语句也可以是块语句。

在执行 while 语句时，首先对条件表达式 boolExpr 求解，若结果为 true 则执行一次 Stmt语句；若为 false 则终止循环。每次执行完循环体 Stmt 后，将重新对条件表达式 boolExpr 求解，然后根据结果决定是继续执行循环体还是跳出循环，如此往复。

读一读　4-4

计算从 1 到 1 000 的所有整数的和。

伪码：	盒　图

令 i=1，sum=0；
WHILE i≤1000
{
　令 sum=sum+i；
　令 i=i+1；
}
输出 sum；
	令 i=1、sum=0；
	i≤1 000
	　　令 sum=sum+i；
	　　令 i=i+1；
	输出 sum；

```
//程序 Add_Up.java
1：public class Add_Up
2：{
3：      public static void main(String args[])
4：   {
5：         int i=1,sum=0;
6：         while(i<=1 000)
7：         {
8：            sum=sum+i;
9：            i=i+1;
10：        }
11：              System.out.println ("1～1 000 的所有整数和为："+sum+"。");
12：   }
13：}
```

解读：

该程序中的 sum 变量其实是一个累加器，而变量 i 则是一个计数器。在变量 i 不断计数时，变量 sum 则不断地将 i 的更新值累加计入其中，实现了从 1 到 1 000 的累加。其中程序的第 8 行语句实现了累加，而第 9 行语句则实现了计数。

4.2.2　do...while 循环语句

do...while 语句是 while 语句的一种变形。其特点是先运行循环体，后判断条件为 true 时继续执行循环体，条件判断为 false 时，终止循环。其形式为：

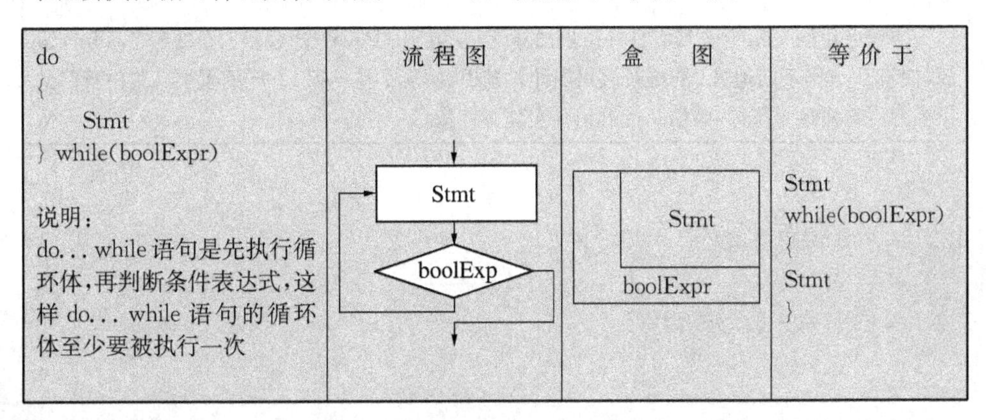

do { 　Stmt } while(boolExpr) 说明： do...while 语句是先执行循环体，再判断条件表达式，这样 do...while 语句的循环体至少要被执行一次	流程图	盒　图	等价于

	Stmt
	boolExp
		Stmt
		boolExpr
			Stmt
			while(boolExpr)
			{
			Stmt
			}

其中 do 和 while 都是保留字,条件表达式 Expr 的值必须为布尔类型,循环体 Stmt 可以是单语句或者是块语句。注意语句最后要以分号结束。

执行 do...while 语句时,首先执行循环体 Stmt,然后才判断条件表达式 Expr 的求解结果,若求解的值为 true 则继续执行循环体 Stmt,否则结束本次循环。

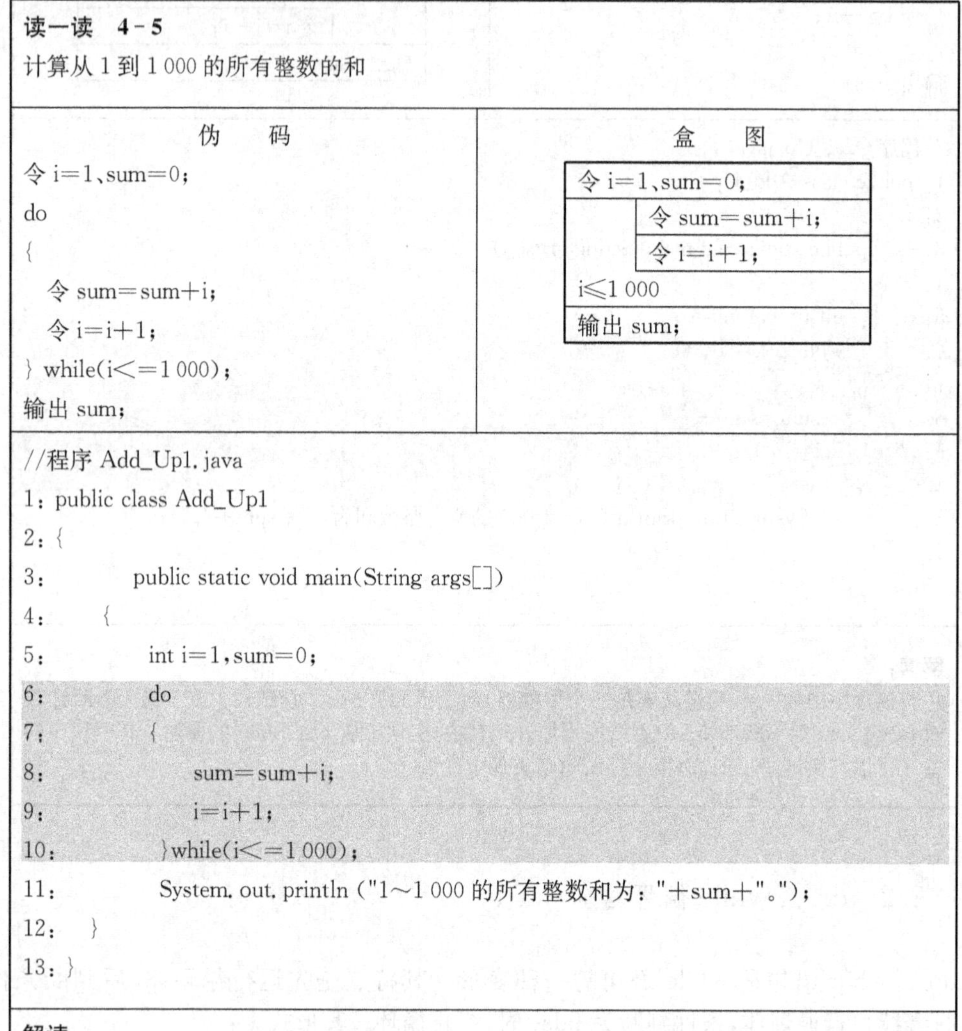

读一读 4-5

计算从 1 到 1 000 的所有整数的和

伪码	盒图
令 i=1、sum=0; do { 令 sum=sum+i; 令 i=i+1; } while(i<=1 000); 输出 sum;	令 i=1、sum=0; 令 sum=sum+i; 令 i=i+1; i≤1 000 输出 sum;

```
//程序 Add_Up1.java
1: public class Add_Up1
2: {
3:          public static void main(String args[])
4:     {
5:            int i=1,sum=0;
6:            do
7:            {
8:                 sum=sum+i;
9:                 i=i+1;
10:             }while(i<=1 000);
11:             System.out.println ("1~1 000 的所有整数和为: "+sum+"。");
12:    }
13: }
```

解读:

该程序中的 sum 变量其实是一个累加器,而变量 i 则是一个计数器。在变量 i 不断计数时,变量 sum 则不断地将 i 的更新值累加计入其中,实现了从 1 到 1 000 的累加。其中程序的第 8 行语句实现了累加,而第 9 行语句则实现了计数。

4.2.3 for 循环语句

for 语句的一般形式为:

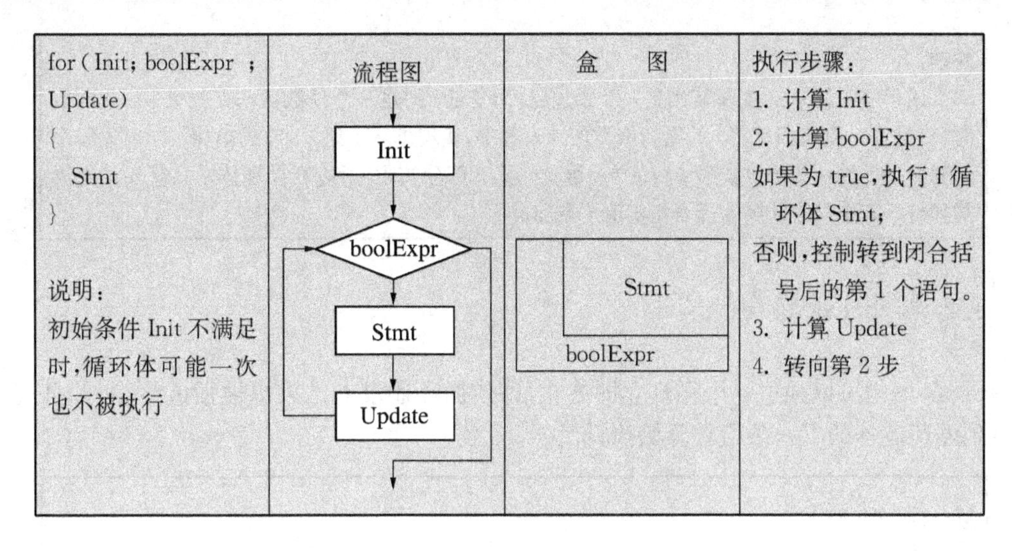

for (Init; boolExpr ; Update)
{
　Stmt
}
 	
说明：
初始条件 Init 不满足时，循环体可能一次也不被执行
	流程图	盒　图	执行步骤：
			1. 计算 Init
			2. 计算 boolExpr
			如果为 true，执行 f 循环体 Stmt；
			否则，控制转到闭合括号后的第 1 个语句。
			3. 计算 Update
			4. 转向第 2 步

其中 for 是保留字，初始化表达式 Init 通常是一条赋值表达式或带有初始化变量声明（此声明变量，只在 for 循环内有效，一旦退出，该变量不再有效），条件表达式 Expr 的求解结果必须为布尔类型，更新表达式通常也是一条赋值表达式，循环体 Stmt 可以是单语句或块语句。

for 循环按下列方式执行：当循环开始时，循环的 Init 部分先被执行。它通常是设置循环控制变量值的表达式，该循环控制变量一般称为计数器。需要注意的是，循环的 Init 表达式仅被执行一次，然后，计算 boolExpr。该表达式通常是让计数器与某个值进行比较。若表达式为 true，循环体 Stmt 将被执行；反之，循环终止。如果循环体 Stmt 执行完后，则 for 循环的 Update 部分就开始被执行，Update 表达式一般可以递增或递减循环控制变量。自此，循环进入迭代，首先计算 Expr，然后执行循环体，再执行 Update。该过程重复直到控制表达式 boolExpr 为 false 为止。

读一读　4－6

计算从 1 到 1 000 的所有整数的和。

```
//程序 Add_Up2.java
1: public class Add_Up2
2: {
3:          public static void main(String args[])
4:      {
5:          sum=0;
6:         for(int i=1;i<=1 000;i=i+1)
7:         {
8:           sum=sum+i;
9:         }
10:         System.out.println ("1～1 000 的所有整数和为："+sum+"。");
11:
12:      }
13: }
```

解读：

该程序中的 sum 变量其实是一个累加器，而变量 i 则是一个计数器。在变量 i 不断计数时，变量 sum 则不断地将 i 的更新值类加计入其中，实现了从 1 到 1 000 的类加。与前述程序不同的是，i 的计数部分被第 6 行的 for 语句的第 3 部分实现，所以在循环体中只需要实现累加即可。其中程序的第 8 行语句实现了累加。

4.2.4 break 语句

break 语句可以强迫一个循环立即终止，即使循环还没有结束也被强迫终止，并且程序定位到循环体外的下一条语句开始执行。

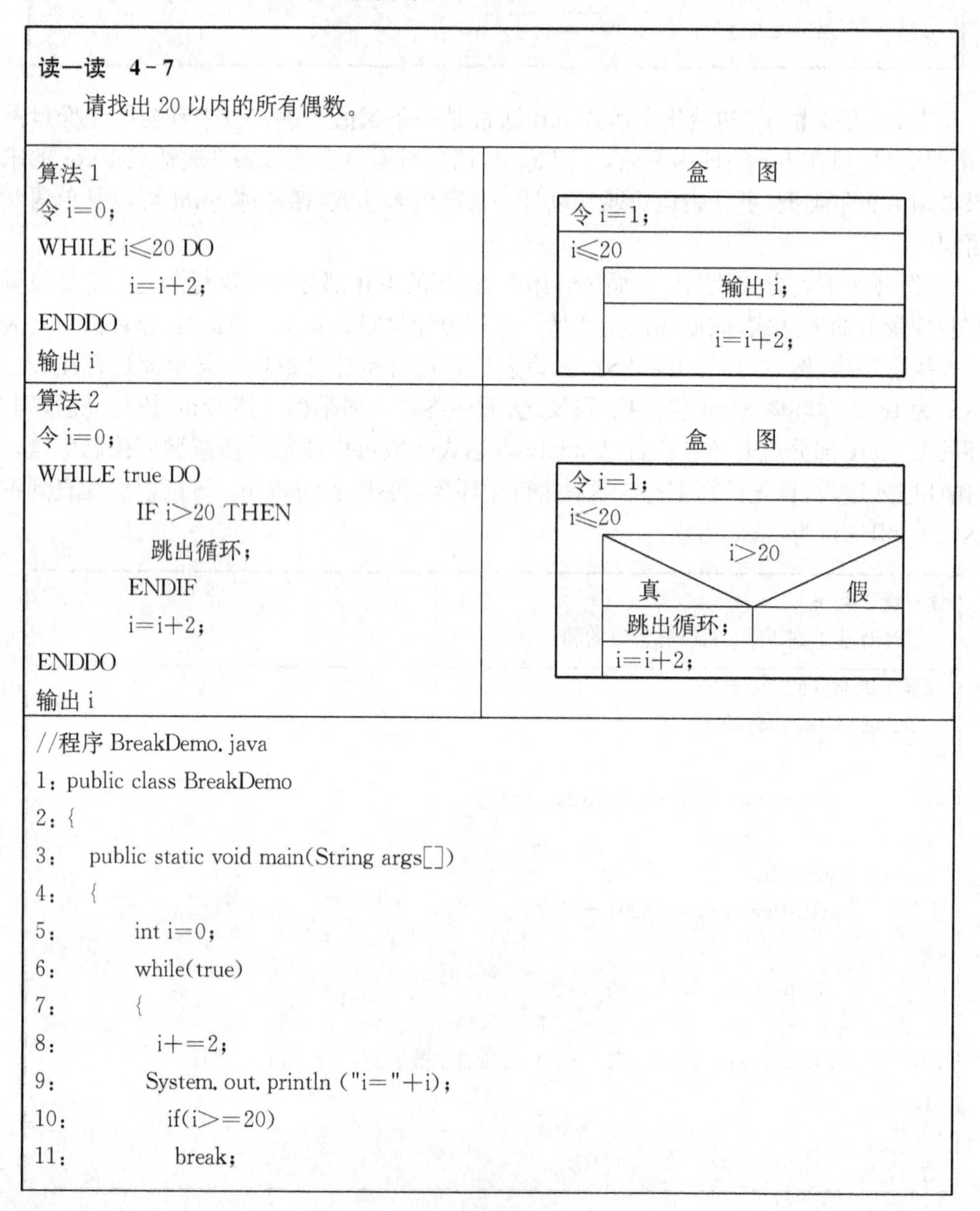

读一读 4-7

请找出 20 以内的所有偶数。

算法 1

```
令 i=0;
WHILE i≤20 DO
        i=i+2;
ENDDO
输出 i
```


算法 2

```
令 i=0;
WHILE true DO
         IF i>20 THEN
          跳出循环;
        ENDIF
        i=i+2;
ENDDO
输出 i
```



```
//程序 BreakDemo.java
1: public class BreakDemo
2: {
3:     public static void main(String args[])
4:     {
5:          int i=0;
6:          while(true)
7:          {
8:            i+=2;
9:          System.out.println ("i="+i);
10:            if(i>=20)
11:             break;
```

```
12:         }
13:     }
14: }
```

输出结果如图

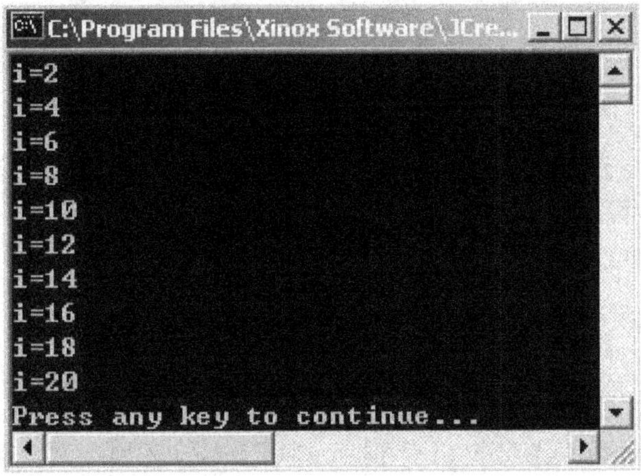

```
i=2
i=4
i=6
i=8
i=10
i=12
i=14
i=16
i=18
i=20
Press any key to continue...
```

解读：

执行这个程序时，尽管 while 条件表达式始终为 true，但实际上只循环了 10 次。这是因为当 i 大于等于 20 时遇到了 break 语句，使程序流程跳出了该循环。

下面来回顾一下上节所述的有关 for 循环的一般形式：

for(Init;Expr;Update)Stmt

请注意，for 循环中的 Init、Expr 和 Update 等表达式都可以被省略。也就是说，这 3 个表达式可以任意省略其中 1 个或 2 个，甚至 3 个都可以省略。需要说明的是，不管省略哪个表达式不写，但 for 循环后的括号中的分号不可省略。具体的变体形式如下：

1. for(;Expr;Update)Stmt
2. for(Init;;Update)Stmt
3. for(Init;Expr;)Stmt
4. for(;;Update)Stmt
5. for(;Expr;)Stmt
6. for(Init;;)Stmt
7. for(;;)Stmt

说明：Expr 表达式空缺不写，for 语句默认循环条件表达式永远为 true。

例如：

读一读　4-8

```
    //程序 Add_Up3.java
1: public class Add_Up3
2: {
```

```
3:    public static void main(String args[])
4:    {
5:          int i,sum=0;
6:          i=1;//代替初始化部分(Init),初始化循环控制变量 i
7:          for(;;)
8:          {
9:              sum=sum+i;
10:             i=i+1;//代替循环迭代部分(Update)
11:                if(i>1 000)//用 break 语句跳出循环,用 if 语句代替循环条件表达式(Expr)
12:               break;
13:          }
14:           System.out.println ("1~1 000 的所有整数和为: "+sum+"。");
15:    }
16:}
```

解读:

程序 Add_Up3.java 与程序 Add_Up2.java 除了 for 语句不同外(第 7 行);还加了另外 3 条语句,分别是第 6 行的"i=1;"、第 10 行的"i=i+1;"和第 11 和 12 行的 if 条件语句。除此之外,全部相同。添加第 6 行的语句是为了弥补 Init 语句的缺失;添加第 10 行的语句是为了弥补 Update 语句的缺失;添加第 11、12 行的语句是为了弥补 Expr 语句的缺失。需要注意的是,关于这些添加语句的先后次序问题,一定要严格按照 7 种情况分别安排处理。否则,可能出现意外情况。

4.2.5 continue 语句

continue 关键字可用来结束某次循环重新开始下一次循环,它可以和 while、for 和 do 循环搭配使用。

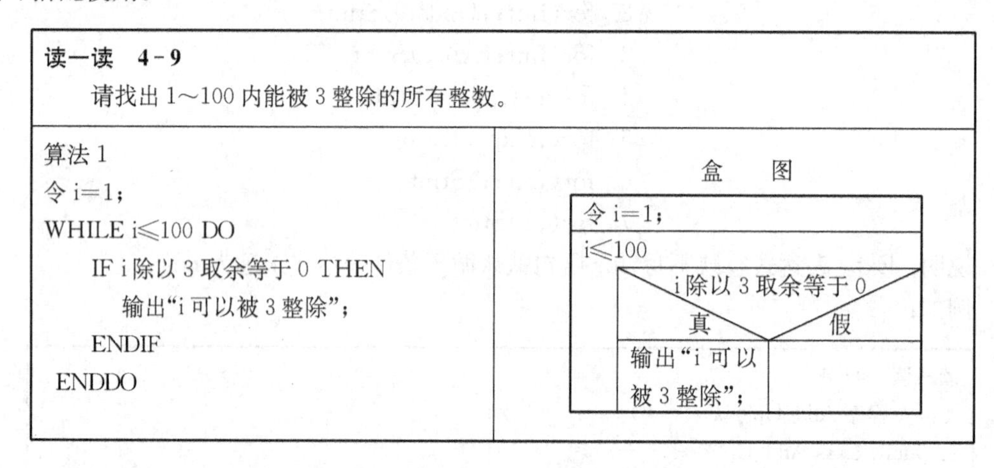

读一读 4-9

请找出 1~100 内能被 3 整除的所有整数。

算法 1

```
令 i=1;
WHILE i≤100 DO
    IF i 除以 3 取余等于 0 THEN
        输出"i 可以被 3 整除";
    ENDIF
ENDDO
```

算法 2	盒　图

令 i=1；
WHILE i≤100 DO
IF i 除以 3 取余不等于 0 THEN
重新开始下一次循环；
ENDIF
输出"i 可以被 3 整除"；
ENDDO
	令 i=1；
	i≤100
	i 除以 3 取余不等于 0
	真　假
	重新开始下一次循环；
	输出"i 可以被 3 整除"；

```
//程序 ContinueDemo.java
1：public class ContinueDemo
2：{
3：   public static void main(String args[])
4：   {
5：        int j=0;
6：        for(int i=1;i<100;i++)
7：        {
8：          if(i%3! =0)
9：            continue;
              //下面代码是格式化输出部分。
10：          System.out.print(i+"可以被 3 整除。");
11：            j++;
12：            if(j%3==0)
13：            {
14：              j=0;
15：              System.out.println ();
16：            }
17：        }
18：   }
19：}
```

输出结果如图。

```
C:\Program Files\Xinox Software\JCreatorV3\GE2001.exe
3可以被3整除。 6可以被3整除。 9可以被3整除。
12可以被3整除。 15可以被3整除。 18可以被3整除。
21可以被3整除。 24可以被3整除。 27可以被3整除。
30可以被3整除。 33可以被3整除。 36可以被3整除。
39可以被3整除。 42可以被3整除。 45可以被3整除。
48可以被3整除。 51可以被3整除。 54可以被3整除。
57可以被3整除。 60可以被3整除。 63可以被3整除。
66可以被3整除。 69可以被3整除。 72可以被3整除。
75可以被3整除。 78可以被3整除。 81可以被3整除。
84可以被3整除。 87可以被3整除。 90可以被3整除。
93可以被3整除。 96可以被3整除。 99可以被3整除。
Press any key to continue...
```

4.2.6 循环语句的嵌套

若某个循环语句的循环体中包含其他循环语句，这种现象叫循环语句的嵌套。在实际使用中，上面介绍的循环语句是可以嵌套使用的，请看下面的例子。

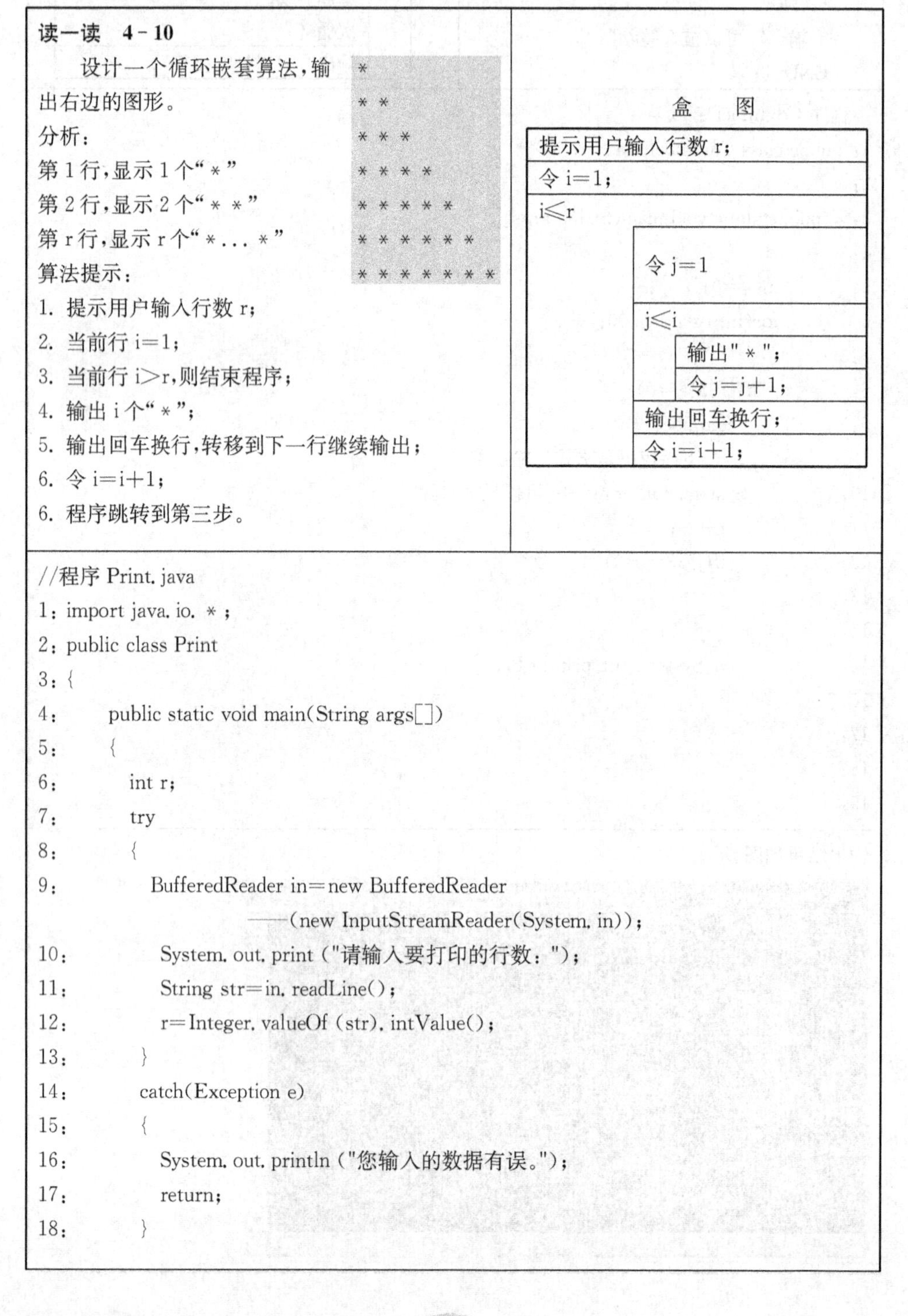

读一读 4-10

设计一个循环嵌套算法，输出右边的图形。

```
*
* *
* * *
* * * *
* * * * *
* * * * * *
* * * * * * *
```

分析：

第1行，显示1个"＊"

第2行，显示2个"＊ ＊"

第r行，显示r个"＊... ＊"

算法提示：

1. 提示用户输入行数 r；
2. 当前行 i=1；
3. 当前行 i>r，则结束程序；
4. 输出 i 个"＊"；
5. 输出回车换行，转移到下一行继续输出；
6. 令 i=i+1；
6. 程序跳转到第三步。


```
//程序 Print.java
1: import java.io.*;
2: public class Print
3: {
4:     public static void main(String args[])
5:     {
6:         int r;
7:         try
8:         {
9:             BufferedReader in=new BufferedReader
                   ——(new InputStreamReader(System.in));
10:            System.out.print ("请输入要打印的行数：");
11:            String str=in.readLine();
12:            r=Integer.valueOf (str).intValue();
13:        }
14:        catch(Exception e)
15:        {
16:            System.out.println ("您输入的数据有误。");
17:            return;
18:        }
```

```
19:         for(int i=1;i<=r;i++)      //第 1 层循环,控制输出总行数为 r。
20:
21:           for(int j=1;j<=i;j++)       //第 2 层循环输出的" * "数等于所在行数。
22:           {
23:             System.out.print (" * ");
24:           }
25:           System.out.println (); //换行
26:         }
27:     }
28: }
```

解读:

该程序的第 8 行到第 18 行语句实现了用户从键盘输入行数的功能。在整个程序中,变量 i 和变量 j 是作为两个计数器使用,其中变量 i 实现要打印的行数计数,而变量 j 实现每行输出的" * "的个数计数。由已知可知,程序在第 i 行要打印的" * "数应该为 i 个。程序的第 19 行的 for 语句实现打印行的控制。

动脑筋:

试着编写用两个 while 循环、两个 do... while 循环、一个 for 循环和一个 while 循环的组合或者其他组合来实现上述需求。

4.2.7　循环语句小结

无论是 while 循环、do... while 循环或者是 for 循环都有其共同的特点。这些共同的特点是:

初始化部分　用来设置循环的一些初始条件,都要对循环控制变量(如 i)进行初始化;

循环体部分　这是反复被执行的一段代码,可以是单语句或者是块语句;

迭代部分　这是在当前循环结束,下一次循环开始执行的语句,常用来使计数器(循环控制变量)加 1 或减 1(如 I=I+1 或 I=I−1)。假如循环控制变量没有变化,则循环条件表达式就永远没有可能结果为 false,就发生死循环。

终止部分　通常是一个布尔表达式,每次循环都要对该表达式求值,以验证循环是否满足循环终止的条件。如循环条件为“i<=1 000”,不满足该条件,则跳出循环。

需要说明的是:循环的初始化、循环迭代和循环条件(终止部分)是循环建立的 3 个不可缺少的要素。一般来说,循环的初始化需要在循环体外部进行设置,循环的迭代部分需要设置在循环体中。当然,迭代表达式可以在循环体的开始、中间或结尾处,这需要视具体的情况而定。循环条件表达式一般在循环体执行前先执行(如 while 循环)或在循环体执行完后执行(如 do... while 循环)。

本章小结

控制结构可以描述一个复杂的行为,而一个结构化的程序只需 3 种基本控制结构,即顺序、选择和循环。设计一个控制结构的常用工具有伪码、盒图和流程图，在此建议大家使用盒图。这样，就可以将这些形式化的算法方便地转化为Java语言的源程序。在源程序中，各种控制结构应该采用分层缩进的形式安排，程序的版面形式能够直接体现程序的逻辑结构。

Java语言的if选择结构中有带else的if语句和不带else的if语句两种形式。另外，大家还要掌握多分支结构，即switch...case结构。

Java语言的循环结构包括while语句、do...while语句和for语句。while语句是最基本的一种循环形式，它先判断循环发生的条件，再执行循环体；do...while语句则是先执行循环体，再判断循环发生的条件；for语句是while语句的精简写法，特别适用于固定循环次数的循环。需要提醒大家注意的是，一定要注意for语句的几种变体形式。此外，循环体还可以用break语句强制跳出循环，或者用continue语句提前进入下一次循环。

本章实训

学习分支结构和循环结构，参见“实训部分，实训4”。

本章习题

1. 张明的一家形象设计店刚刚开张，为了做宣传，他准备做一次活动。他分发了一些优惠券，其折扣率有10%、20%、30% 3种。该店的外形设计565元、发型设计326元、美甲130元和整容1 680元。请现在创建一个程序，允许接待人员按优惠券的折扣率为客户折算费用或不打折，然后选择一项服务。请在屏幕上显示各项服务的正常价格，并在完成每次设计后在屏幕上显示应付的金额。一次设计可能包括几项服务。

2. 设计一个程序来计算计件工人的酬劳。工人生产的产品越多，计算酬劳时每一件的单位酬劳通常是越多。其规则如下：

完成的件数	每一件的酬劳
1～199	0.50元
200～399	0.55元
400～599	0.65元
600以上	0.65元

请设计一个程序，从键盘输入10个工人生产件数，并在屏幕上输出相应的酬劳。

3. 某国海关规定进口成衣按A、B、C、D四类收取关税。其税率如下：

成衣类型	税率
A	20%
B	15%
C	10%
D	5%

请设计一个程序，从键盘输入20批次待入关的成衣货物和每批成衣的税前单价和所属的缴税类别，并在屏幕上输出相应批次的成衣的进口关税。请用Switch case语句实现。

4. 已知某桥梁收费站规定：20吨以上的大货车的过桥费为20元，10～20吨之间的货车的过桥费为15元，10吨以下的货车的过桥费为10元，30座以上的客车的过桥费为15

元,20～30 座的客车的过桥费为 10 元,20 座以下的客车的过桥费为 5 元,轿车的过桥费为 15 元。现请你编写一段程序,使收费站的收费人员能从键盘输入车辆所属的收费类型,并在屏幕上打印相应的收费金额。另外收费人员只要用键盘输入字符'Q'即可结束收费程序。

第 5 章　类与对象编程初步

学习目标

- 了解面向对象编程特点
- 掌握类结构和创建类
- 掌握程序中类与对象的关系，掌握对象创建、赋值和操作
- 了解成员方法的创建(将在后续章节中详细讨论方法的使用)

学习场景

这天刘老师问王明："学到现在，你对编程有什么感想?"王明答到："很有趣！觉得计算机真的很神奇，计算机按照程序员写出的程序工作，所以程序员更了不起。但我还不清楚面向对象编程到底是怎么回事? 程序中的类结构是什么样? 程序中的对象运行机制是怎样的?"刘老师说："别急，学习程序设计需要耐心，那让我们循序渐进来学习掌握有关类和对象的编程细节吧!"

5.1　面向对象编程特点

面向对象编程具有封装性、继承性、多态性。

1. 封装性

程序员将属性及操作都编写在同一个类程序文件内，把内部操作细节隐藏在类的内部，对外表现为类间的接口关系。这样就达到了信息隐藏的效果，保证了代码和数据保密性，防止误操作或非法访问。

封装后的类，提供对外的"公有"(public)接口方法，程序的其他部分只能通过类提供的接口方法进行交互，获取或更改对象的数据成员，不需要知道其工作细节(他们只需要知道类提供的数据和操作方法，不需要知道更多的关于类代码编写的详细信息)。这就好像使用遥控器转换电视频道，并不需要知道光电信号是如何运作的，只要知道如何按上面的按钮来转换频道。封装机制保证了对类的代码进行修改时，不需要更改接口，这就不会影响到与此类进行交互的其他程序的实现和运行，保证了编程工作的独立性和协同性。

2. 继承性

小轿车、面包车、卡车都是汽车，除了具有汽车类的特征外，又具有各自的特征，还可以分别划分出不同的新类。通常分析“子类”中的公共特征和行为，来创建这些子类的父类。比如，小轿车、面包车、卡车都具有颜色、排气量、汽缸数、转向、加速等特征，因此创建它们的父类——汽车，将颜色、排气量、汽缸数、转向、加速等特征作为父类提供的属性。这样在小轿车、面包车、卡车子类中，不需要再定义颜色、排气量、汽缸数、转向、加速等属性，只需要定义各自特殊的属性和行为即可。可以说小轿车、面包车、卡车子类继承了汽车类。

继承的好处是实现代码的重用。在编写子类时，利用已经编写好的父类代码，只要针对子类特别属性与行为进行编码就行，提高了编程效率。继承有两种类型：单继承和多继承。单继承是指一个子类只继承一个父类；而多继承是一个子类继承了多个父类。在 Java 定义的类中，只允许单继承，不允许多继承。

复用是面向对象的一个主要优点，这一优点在封装和继承中体现得非常明显。通过封装提供的接口，复用以前编写好的已经能够很好地运行的代码，可以大大减轻编码工作量、降低错误发生率。为了尽可能地复用代码，在编写代码时应让它的功能尽可能地小而简单，这是一个好的编程习惯。

3. 多态性

多态性是在面向对象编程语言中继数据封装和继承后的第 3 个重要特征。它主要表现在“一个接口界面，多个内在实现”。

在面向过程的程序设计语言中，主要工作是编写一个个方法，来完成一个特定的功能，它们之间是不能重名的，否则会出错。而在面向对象的程序设计中，同一个类中可有许多同名的方法，但由于其参数列表的不同，而且方法体与返回值也可能会不同。在 Java 中，多态也指在父类与子类中有相同的方法名，在程序运行中，Java 可自动决定使用哪一个类所含有的方法。

读一读　5-1

汽车类是怎么提供封装和接口方法的？

解读：

汽车类复杂操作封装在车盖下，是私有的(private)。提供“公有”(public)接口方法：方向盘、离合器、踏板等。此“公有”接口，使驾驶员不必知道汽车运行的细节。所以封装汽车提供了以下优点：

驾驶员(其他类)不必知道汽车(该类)的实现细节就能驾驶汽车。所以使用类时更容易。

驾驶员(其他类)只能正确使用此类，因为只允许它做接口提供的操作。

可以更改这个类的实现，而不更改接口，所以另一个类不需要重写。如更换发动机，不会改变驾驶员的对方向盘、离合器、踏板的操作方法，不须重新培训。

驾驶员(其他类)利用提供的接口，提供不同的参数，获得汽车不同的运行效果。如方向盘打的力度不同(提供不同的参数)，汽车发生的转弯效果不同(不同的内在实现)。

至此，知道了面向对象编程主要是以类为单位进行封装编程，类与类之间通过接口进行交互，最终实现一个完整的软件系统。

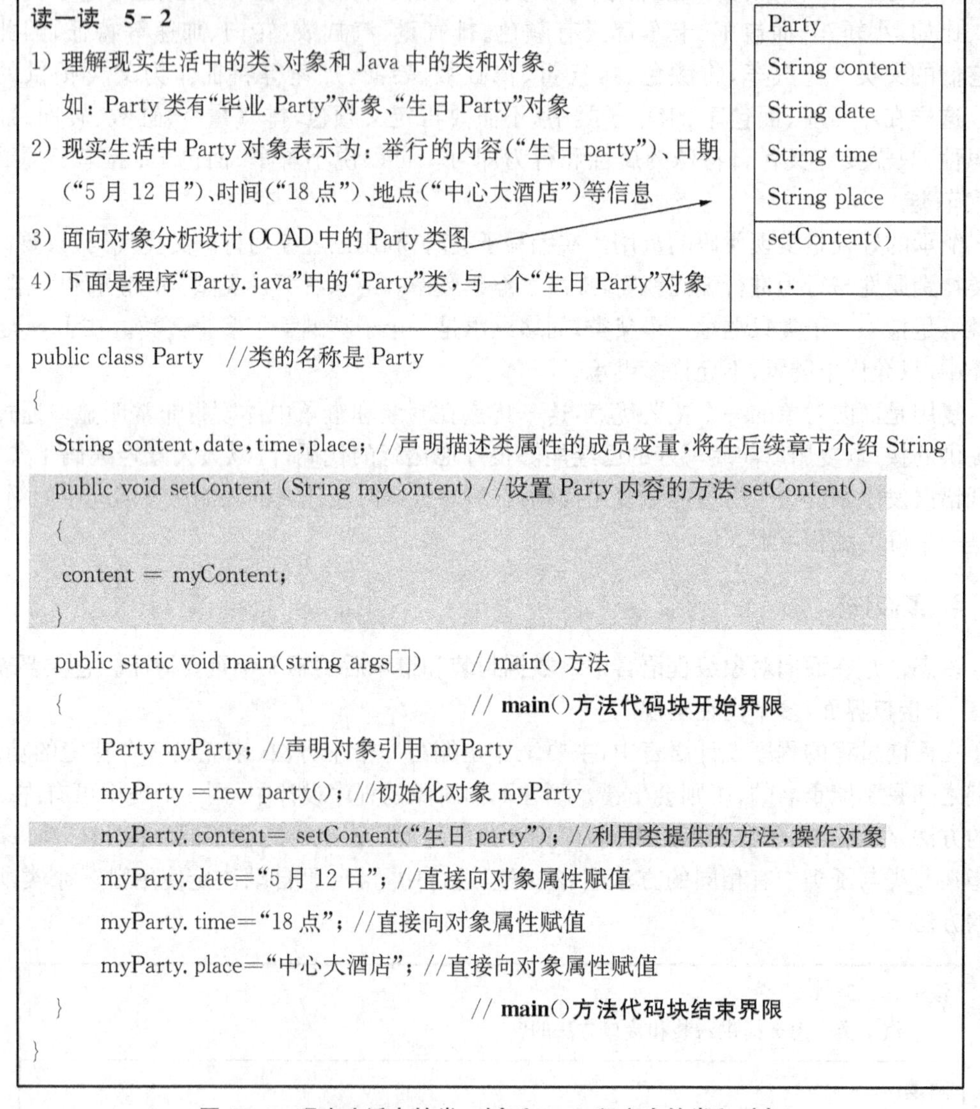

图 5-1 现实生活中的类、对象和 Java 程序中的类和对象

5.2 类的结构

创建一个类时，首先要给这个类取个名字；其次根据 OOAD 分析结果，确定类所需设置的成员变量（对应类的属性）和成员方法（对应类的操作）。

类的一般结构是：

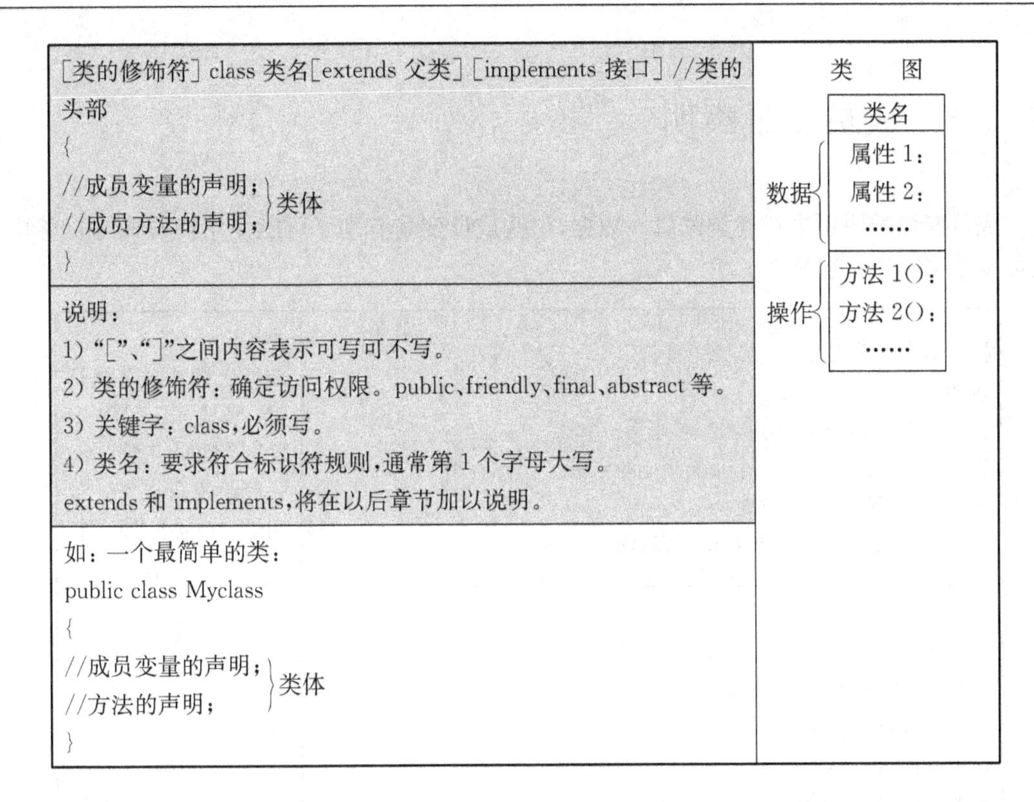

[类的修饰符] class 类名[extends 父类] [implements 接口] //类的头部
{
//成员变量的声明;
//成员方法的声明;
} 类体

说明:
1) “[”、“]”之间内容表示可写可不写。
2) 类的修饰符: 确定访问权限。public、friendly、final、abstract 等。
3) 关键字: class,必须写。
4) 类名: 要求符合标识符规则,通常第 1 个字母大写。
extends 和 implements,将在以后章节加以说明。

如: 一个最简单的类:
```
public class Myclass
{
//成员变量的声明;
//方法的声明;
}
```
（类体）

类的头部组成:

类的修饰部分　用来确定访问权限。public、friendly、final 或 abstract 等。

关键字　class,必须写。

类名　给这个类取个合法的标识符。

头部中的 extends 和 implements 部分,将在第 8 章中具体进行说明。

其中,类的修饰部分包括: 类的访问权限和其他的修饰符。

1) 类的访问权限修饰部分

用来确定这个类的访问权限。Java 中类的访问权限只有 public 和 friendly 两种。

public　public 类型的类可以被所有的对象访问,那也就意味着可以被其他的类继承,换句话说是其他任何类的一个基础。在大部分情况下将使用 public 这种访问权限,每个 Java 类文件(编译单元)有且只有一个 public 的类。

friendly　friendly 是 Java 中默认的修饰符。如果类的修饰符这个位置上什么都不写,那么这个访问权限就默认为 friendly。

2) 类的其他修饰符

final　如果一个类被声明为 final,那么意味着它不能再派生出其他新的子类。换句话说,它就不能作为父类被其他类继承。

abstract　如果将一个类声明为 abstract 类型,那么把它称为抽象类。抽象类包含一些未定义且必须在子类中实现的方法,抽象方法不包含方法体,且必须在子类中实现该方法。

一个类不能既被声明为 abstract 的,同时又被声明为 final 的。这里先用 public 修饰,随着学习的进展,逐步掌握其他的修饰符的应用。

5.3　成员变量声明

成员变量声明用来描述类的属性数据，这些成员变量有别于可能使用到的其他的变量。成员变量声明的一般格式：

<table>
<tr><td>[修饰符]　数据类型　成员变量名
说明：
1）“[”、“]”之间内容表示可写可不写。
2）修饰符类型：private、public、friendly、protected、static、final。
3）数据类型：参见第 3 章。
4）成员变量名：要求符合标识符规则。</td><td rowspan="2">小知识：
成员变量的同义词是“数据成员”、“类字段”、“数据字段”等。一般约定冠以“m_”，用于与普通变量区别。</td></tr>
<tr><td>例如：
private int m_x;
public char m_y;
friendly byte m_z;
final float m_x1;
static double m_y1;
final long m_z1;</td></tr>
</table>

类成员变量允许加上的修饰符有以下 6 种：private、public、friendly、protected、static、final。

读一读　5-3

假设要创建一个员工的类 Employee，那么这个类中的一个数据（成员变量）应该包括工号 empNum。除了成员变量外，它还可能包含两个必需的方法，一个方法用来设置（set）员工的工号，另一个方法用来取得（get）员工的工号。

1. 写出类的头部：

```
public class Employee
{
//成员变量的声明；  }
   //成员方法的声明；}类体
}
```

2. 成员变量声明：

可以声明一个用来存放员工工号的整型变量：

```
public class Employee
{
private int m_empNum;
//成员方法的声明；
}
```

公用变量修饰符 public：它所修饰的变量是可以被所有的类访问的。

友好变量修饰符 friendly：是默认的修饰符，提供了包内访问权限，只有在同一包(package)下的类可以访问此变量。将在以后章节中介绍包的概念。

保护变量修饰符 protected：除了提供包内的访问权限外，protected 修饰的变量，允许继承此类的子类访问。

私有变量修饰符 private：阻止其他类对 private 修饰的变量访问，仅提供给当前类内部访问的变量，private 修饰符可以隐藏类的实现细节。

以上 4 种修饰符在访问权限的级别上依次降低。

> 如果没给类的成员变量上加任何访问修饰符，那么它的访问权限默认为 friendly，这种访问权限要比 private 的自由度稍许宽些。

从安全的角度看，需要给大部分成员变量加上 private 这个修饰符，那就意味着不允许其他的类的对象来访问这个成员变量。只允许与这个成员变量处于相同类中的方法来设置、修改、获取这些私有成员变量，不能被其他类中的对象方法改变或处理。

通过设置类的非私有方法，来提供外界对私有成员变量的访问接口方法，从而控制外界对这个类的成员变量的影响。也就是说，类提供非私有方法，以供其他对象访问私有成员变量。其他对象可以利用此类提供的非私有方法，访问对象的私有成员变量。这种情况好比生活中如下场景：

总经理办公室(私有的)外加了一个秘书办公室(公有的)，有外面传过来的信息先通过秘书办公室(可以将一些无用的信息或者对总经理室有威胁的信息拒之门外)然后传给总经理办公室；再将从总经理办公室传出来的信息先经过秘书办公室(对信息进行语法或者拼写的检查)后再传出。

总之，可以通过写出一些非私有方法来控制对私有成员变量的使用！

常量修饰符 final：将变量声明为 final，可以保证它们在使用中不被改变。被声明为 final 的变量必须在声明时给定初值，而在以后的引用中只能读取，不可修改。

类变量修饰符 static：成员变量前面加上 static 修饰符，表示该成员变量为类变量。不需要创建对象，就可以利用“类的引用”(而不是“对象的引用”)来访问 static 成员。

练一练　5-1

1. 请写出一个 Student 类中要定义的成员变量，并列出设置和取出这些成员变量的方法。
2. 请列举一些类，并指出它们所包含的成员变量。

解答：

5.4 成员方法声明

成员方法对应于OOAD分析时设置的类的操作。依据类操作的描述编写成员方法，Java中的成员方法相当于其他语言的函数或过程，是命令语句的集合。

声明成员方法的格式是：

```
[访问控制修饰符][其他类型的修饰符] 返回值类型 方法名(形式参数表)[throws 异常类型]
{
    //方法体
}
```

说明：

1) 被方括号"[]"括起来的部分是可选项，即可有可无。
2) 访问控制修饰符：public、private、protected。
3) 其他类型的修饰符：static、final、abstract、native、synchronized。
4) 返回值类型：调用该方法后的返回值类型，在方法中用return语句返回数据。
5) 方法名：符合标识符规则，通常第一个字母小写。
6) 形式参数表格式：(数据类型　参数名1，数据类型　参数名2，……数据类型　参数名n)。
7) 方法体：若干语句或代码块组成，用return语句返回方法输出的数值。

如：

```
public final void methodA(String abc, int j)
{
...
}
```

和

```
private final int methodB()
{
...
}
```

等等

5.4.1 访问控制修饰符

public、private和protected。

成员方法中的访问控制修饰符和成员变量中的意义相同。

5.4.2　其他类型的修饰符

static　将含有修饰符static的方法称为静态方法，它与静态成员变量的意义相同。在静态方法中不能使用this或者super，并且不能创建内部类的实例。如果一个方法名前没有static，那么称这种方法为对象方法(实例方法)。类、接口和接口成员不能采用static修饰符。

> 静态方法：方法名前加上static，可以被其他方法直接调用。
> 对象方法(实例方法)：方法名前没有static，必须通过具体的某个对象才能调用。

final　表示该方法只能被使用(调用)，不能被重载。

abstract　称为抽象方法。抽象方法不包含方法体，且必须在子类中被重载。

native　本机方法。表示从Java中调用，但采用另一种“本机”语言进行编写，通常为C或C++。实际上，主要用来把Java代码和其他语言的代码集成起来。

synchronized　同步方法。同步方法主要用于多线程环境中，以确保两个线程不会同时访问一个对象。

5.4.3　形式参数表

如委托裁缝做一件衬衫，需要提交布料给裁缝，裁缝返回一件做好的衬衫。我们不需要了解裁缝缝制衬衫的具体办法和过程，这里布料和尺寸就是缝制衬衫所要求的参数。

方法的作用是根据输入的信息，在方法中进行加工处理，产生新的信息输出到调用这个方法的对象。调用方法的程序，不关心方法的具体实现。只是将方法体所需要的输入信息，作为参数传递给方法，并且由方法体中的“return”语句，将处理结果信息返回给调用方法对象。

方法声明时，需要标明方法所需要的参数(形式参数表)，在写方法体内部程序时，利用形式参数作为方法体内变量进行处理。

参数名必须符合标识符规则。如果方法需要多个参数，则参数名之间用逗号“，”分开，其格式如下：

(数据类型　参数名1，类型　参数名2，……类型　参数名n)

数据类型是Java中基本数据类型或高级数据类型，关于高级数据类型作为参数的内容将在后续章节讲解。

如果方法不需要输入信息，则该方法不带参数，方法名后跟一个空括号即可。

若方法带一个参数，则参数表为如下格式：

(类型　参数名)

5.4.4　返回值与return语句

返回值的类型可以是表3-1中介绍的基本数据类型，也可以是对象或数组等高级数据类型，若无返回值就用 void 来表示。

return 语句用于方法的返回上，当方法体内程序执行到 return 语句时，将终止当前方法的执行，返回调用这个方法的语句。return 语句通常位于一个方法体的最后一行，有带参数和不带参数两种形式，带参数的 return 语句退出该方法并返回一个值。

1）有参数返回方法的 return 语句的语法形式如下：

```
[访问控制修饰符][其他类型的修饰符] 返回值类型 方法名(形式参数表)[throws 异常类型]
{
  ...
  return    stmt;
}
```

注意：返回值的类型必须与方法声明的返回值类型一致。若类型不一致时，可以使用强制类型转换来使类型一致。

当程序执行到这个语句时，首先计算 stmt 表达式的值，然后将该值返回到调用该方法的语句。注意返回值的类型必须与方法声明的返回值类型一致，若类型不一致时，可以采用强制类型转换来保持类型一致。

2）无参数返回方法的 return 语句的语法形式如下：

```
[访问控制修饰符][其他类型的修饰符] void 方法名(形式参数表)[throws 异常类型]
{
...
return;
}
```

注意：当方法的返回值声明为“void”时，应该使用不带参数的 return 语句。不带参数的 return 语句也可以省略，当程序执行到方法体最后，遇到方法的结束标志“}”就自动返回到调用这个方法的程序中。

练一练　5－2

哪些数据类型可以作为方法的返回值类型？

解答：

读一读　5-4

```
    // ReturnDemo.java 程序
1: public class ReturnDemo                //类头部
2:  {
3:      /*声明一个静态方法 Area_rectangle,该方法需要输入参数c代表长、k代表宽,
4:     返回一个双精度数据类型的值代表方法计算结果(面积)
5:      */
6:   static double Area_rectangle(double c,double k)
7:   {
8:   return c*k; //计算长×宽后,结果返回双精度类型的数据
9:   }
10: public static void main(String args[]) // void 表示 main()方法没有返回值。
11:     {
12:         double c1=78,c2=88,k1=98,k2=453; //对长、宽赋值
13:         System.out.println ("长方形1的面积为:"+Area_rectangle(c1,k1));
14:         System.out.println ("长方形2的面积为:"+Area_rectangle(c2,k2));
15:     }
16:  }
```

输出结果如下所示：

长方形1的面积为：7 644.0

长方形2的面积为：39 864.0

解读：

1) 程序第3～9行定义了一个双精度数据类型的名为 Area_rectangle 的方法，对应地，第8行的 return 语句就带有一个双精度类型的数据返回（思考为什么是双精度类型）。
2) 在 main 方法中通过实际参数提供，调用了这个方法，如第13、14行，并输出了长方形1和长方形2的面积。
3) 本例 Area_rectangle 方法前有 static 修饰符，表示为静态方法，可被 main()直接调用。在学习完对象创建后，请体会对象方法（实例方法）调用。

5.5　对象创建、赋值与操作

一个类是对具有相同特征的对象的抽象描述。定义了一个类不等于就创建了对象，需要学习如何在编程时创建对象，以便让对象在程序中发挥作用。再读一下本章的“读一读5-2”，那里显示了怎样编写一个“Party”类、创建一个“Party”类的对象“myParty”。

5.5.1 创建对象

创建一个对象编程一般需要 3 个步骤。假设已经定义了一个名为 TV 的类后，创建一个 myTV 对象的步骤如下：

1）声明一个对象引用变量，如：TV myTV；

2）创建对象（初始化），如：myTV＝new TV()；

3）赋值，如：myTV. Size＝'34 寸'。

可以将第 1)、2)合并成一行语句。如：TV myTV＝new TV()；

假设程序中有下面 4 条语句：

1：int empNum＝172 386；//这是一个基本变量

2：Employee e1＝new Employee("001"，"张三"，"男")；//在创建对象 e1 同时，对其赋值。

3：Employee e2；//声明一个对象引用变量 e2，对象还未创建。

4：Employee e3＝new Employee()；//未赋值，自动取默认值。

5：//e2＝e1

则程序内存空间的分配如下：

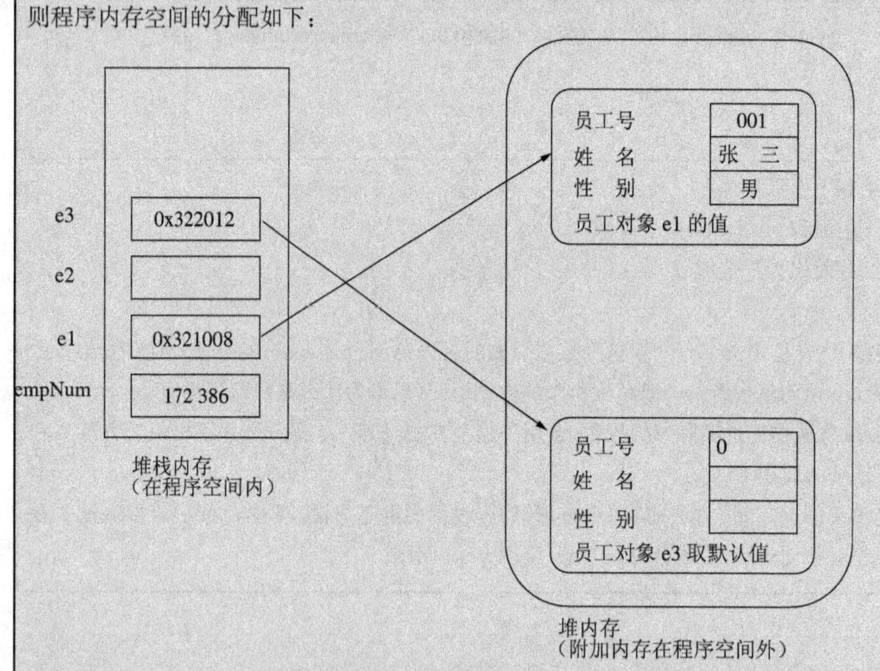

解读：

1）变量的值直接存放在程序空间内。变量声明是在堆栈内存开辟一个空间准备存放变量的值，变量赋值就是将变量具体的值直接存放到这个空间中，如图中 empNum；

2）对象的值存放在堆内存中，堆内存地址存放在堆栈内存中（程序空间内）；

3）声明对象引用变量：就是在堆栈内存中，开辟一个空间准备存放对象的堆内存地址；

4）创建对象："new"就是在堆内存中，开辟一个空间存放对象的具体值，并将其地址存放已经声明对象引用变量的堆栈空间中。同时按所属类，实例化一个对象，并对其初始化；

5）对象赋值：实例化对象为具体的内容，堆内存中对象属性值发生改变；

6）访问对象：就是通过对象引用变量获得堆内存地址，然后访问堆内存空间对象的属性值；

7) 将一个对象引用变量赋给另一个对象引用变量：如增加第5行语句 e2=e1，则对象 e2 的堆栈内存空间的值等于 e1 的堆栈内存空间的值，也就是说 e2 对象堆内存地址与 e1 对象堆内存地址相同，即此例 e1、e2 的具体值引用都指向堆内存“0x321008”。

图 5-2 基本变量和对象引用变量在内存中的存储方式

图 5-2 是基本变量和对象引用变量在内存中的存储方式，帮助理解内存中变量存储与引用和对象存储与引用的区别。

1. 声明对象引用变量

声明对象引用就是为对象命名且指定所属类。

就像声明一个变量属于哪个数据类型一样，声明对象引用变量，就是声明“待建”对象属于那个类，并对其命名，作为以后引用此对象时要用的名称。声明对象引用变量，就是在存放变量的内存空间，申请一个内存，准备存放一个指向具体对象存放地址的“引用地址”。见图 5-2 中堆栈内存。

对象名必须符合标识符规则。声明对象引用变量格式是：

类名　对象名
例如： Dog　　yourDog；

2. 创建对象

声明对象引用变量后，需要创建对象，即按所属类实例化一个对象。程序运行时，**new** 这个操作符为“对象”在计算机中分配一个堆内存空间，来存储对象。然后，将这个存放对象的堆内存地址，存放到对象引用变量中。见图 5-2 中堆栈内存。如果不指定任何初始化信息，则所有变量都初始化为其默认值（缺省值）。默认值：整型变量是 0，浮点变量是 0.00，boolean变量默认为 false，char 变量默认为‘u\0000’，见表 3-1。

对象名 = new 类名()
例如： yourDog = new Dog()

new 后面的“类名()”部分看起来有点像方法的名字，实际上它是一个用来构造“对象”的方法。**“类名()”是一个构造方法调用形式！** 在没有给类对象写构造方法时，Java 会自动写一个构造方法，这个构造方法的名和类名完全相同。今后，要学写自己的构造方法。

➢ 小窍门：可以同时完成声明对象引用和初始化对象。

类名　对象名=new 类名()	等价于上述两行程序
例如： Dog　yourDog = new Dog() 等价于 Dog　　yourDog； yourDog =new Dog()；	

5.5.2 给对象赋值

有许多种方法给对象赋值。这里先介绍完成对象初始化后，给对象赋值；再学习如何利用构造方法，在初始化时为对象赋初始值。

1. 利用"."运算符给对象属性赋值

赋值时，把对象名和点符号放在成员变量名前，编译器就会知道哪个对象应接受此值。

对象名.属性名 ＝ 数值	如：yourDog.color ＝'white'；yourDog.name=“XueXue”

读一读 5-5

下面是程序“Party.java”中的“Party”类，与一个“生日 Party”对象

```
public class Party      //类的名称是 Party
{
  String date,time,place; //声明描述类属性的成员变量,
    public static void main(string args[])        //main()方法
    {                                              // main()方法代码块开始界限
        Party myParty; //声明对象引用变量 myParty
        myParty =new Party(); //初始化对象 myParty
        myParty.date="5 月 12 日"; //直接向对象属性赋值
        myParty.time="18 点"; //直接向对象属性赋值
        myParty.place="中心大酒店"; //直接向对象属性赋值

        Party yourParty; //声明对象引用变量 yourParty
        yourParty =new Party(); //初始化对象 yourParty
        yourParty.date="5 月 12 日"; //直接向对象属性赋值
        yourParty.time="18 点"; //直接向对象属性赋值
        yourParty.place="中心大酒店"; //直接向对象属性赋值
    }                                              // main()方法代码块结束界限
}
```

解读：

此例中创建了两个对象。

这里在 main()程序体中创建对象时，**需要在类代码块内声明成员变量**。而不能在 main()方法代码块中声明这些成员变量。

2. 将 A 对象引用变量赋给 B 对象引用变量，完成对象赋值

将一个 A 对象引用赋给另一个 B 对象引用，实际上是将 A 对象引用地址赋给 B 对象引用地址，而不是将 A 对象堆内存空间复制粘贴到 B 对象的堆内存空间，即两个对象引用指向同一个内存空间。

```
A 对象名=B 对象名
如
Dog myDog=new Dog ();
Dog yourDog=new Dog ();
yourDog=myDog; //并没有复制 myDog 对象，而是 myDog 引用地址与 yourDog 引用地址都
                 是指向 myDog 对象的堆内存空间。yourDog 原来指向的堆内存空间最
                 终将被删除。
```

如在图 5-2 中程序增加语句 e3=e1，则对象 e3 的堆栈内存空间的值等于 e1 的堆栈内存空间的值，也就是说 e3 对象堆内存地址与 e1 对象堆内存地址相同，即此例 e1、e3 的具体对象引用都指向堆内存"0x321008"，原来的 e3 对象的堆内存空间不再起作用，再也访问不到它了。

3. 利用对象方法（实例方法），给对象属性赋值，并提供对象属性查询

只有创建具体某个对象，才能通过该对象调用的方法，称为实例方法。在类程序 A 中分别编写设置 set 对象属性和查询 get 对象属性的方法。创建 A 类的一个对象 a1 后，通过"."操作符调用类程序 A 提供的 set、get 方法，给对象 a1 的属性进行赋值或修改。

1）编写属性设置和属性查询的实例方法

对象方法（实例方法）的创建格式如下：

```
[访问控制修饰符]  返回值类型  方法名(参数表)[throws  异常类型]
{
//方法体
  }
//注意：切记，在实例方法名前不要加 static。
```

下面学习怎么编写属性设置（set）和属性查询（get）的实例方法。

读一读　5-7

请创建一个用来设置公司员工信息的类，并为其他类提供员工信息的查询方法。

分析：

1）类命名：为公司员工类起名为 Employee，此类可以被其他类访问，所以设为公共类 public。

2）确定成员变量：公司员工除了有工号 empNum 外，还有姓名 empName、薪水 empSalary 等等。为了保证封装性，将这些成员变量设为私有变量 private。

3）确定方法：编写对成员变量进行设置值和取值的方法，通过这些方法提供外界对员工类的访问，所以将这些方法设为公共类 public。

4）画出类图。→

5）写出程序并保存程序 Employee.java。

Employee
int empNum; string empName; double empSalary
set EmpNum (); get EmpNum (); set EmpName (); get EmpName (); set EmpSalary (); get EmpSalary ();

```
//程序员：Yinfei Zhu
//日期：May 1，2006
1：  public class Employee
2：  {
3：        //以下是私有的成员变量
4：        private int m_empNum;               //员工工号
5：        private String m_empName;           //员工的姓名
6：        private double m_empSalary;         //员工薪水

7：        public void setEmpNum(int e)        // setEmpNum(int e)方法设置员工的工号
8：        {
9：        m_empNum = e;
10：        }

11：      public int getEmpNum( )        //getEmpNum()方法返回员工的工号
12：      {
13：      return m_empNum;
14：      }

15：    public void setEmpName (String name)        //设置员工的姓名
16：    {
17：    m_empName = name;
18：    }

19：  public String getEmpName ( )        //getEmpLastName 方法返回员工的姓
20：  {
21：  return m_empName;
22：    }
23：  }
```

解读：

1) 没有在返回类型前加上 static 这个关键字，所以这些都是对象方法(实例方法)。
2) 许多程序员都会将类的成员变量放在类的最前面，并且按一定的顺序放。比如公司员工的工号是一个公司里惟一可以识别员工的号码(在数据库里称为**主键**)，通常将这种类型的成员变量放在类成员变量声明的最前面。如果一个类中只有 1 个成员变量，那么如果要写出对这个成员变量设置值和取值的方法，需要写出两个方法。本例有 3 个成员变量字段，需要写出 6 个方法来对这 3 个字段进行设置值和取值。
3) 突出程序的易读性：对成员变量进行取值操作，一般将取名为 getXXX，"XXX"是成员变量名，并将第一个"X"位置上的字符大写；如果是设置值，就取名为 setXXX，等等。并将这些 get 类的方法放在一起，set 类的方法放在一起，并按字母顺序排列。还有一个常用的方法是将每个字段的 get、set 方法成对放在一起。
4) 想一想此程序能够运行吗？为什么？

2）编写通过调用设置和查询方法，实现对象赋值和查询的程序段

通过编写一个简单的测试程序来检查类的功能。先写一个包含数据和方法的类，然后必须**再写一个程序**，在该程序中创建一个或多个该类的对象，分别通过调用相关方法给这些对象的属性（成员变量、数据字段）赋值或者取值。

读一读　5-7

先编写 Student 类程序，再创建一个测试程序 TestExpandedClass. java 程序。

```
// 作者：<你的名字>
// 日期：<当前的日期 >
// 程序名：TestExpandedClass
1：  public class TestExpandedClass // 用来测试 Student 类中实例方法调用
2：  {
3：          public static void main(String args[])
4：                  {
5：                      //创建一个 Student 类的对象 oneStudent；
6：                      Student oneStudent =new Student()；
7：                      //调用 Student 类提供的方法 setStudentNumber()，设学号为 1。
8：                      oneStudent. setStudentNumber(1)；
9：                      //调用 Student 类提供的 setStudentName ()，设姓名为"Yinfei"
10：                     oneStudent. setStudentName("Yinfei")；
11：                     //调用 Student 类提供的 setJavaScore ()，设 java 成绩 95.0 分
12：                     oneStudent. setJavaScore(95.0)；
13：                     System. out. println("oneStudent 的学号是：")；
14：                     System. out. println(oneStudent. getStudentNumber())；
15：                     System. out. println("oneStudent 的姓名是：")；
16：                     System. out. println(oneStudent. getStudentName())；
17：                     System. out. println("oneStudent 的 Java 成绩是：")；
18：                     System. out. println(oneStudent. getJavaScore())；
19：                 }
20： }
```

```
1：   public class Student
2：  {
3：          //声明成员变量，前面一般加“m_”
4：          private int m_studentNumber；
5：          private String m_studentName；
6：          private double m_javaScore；
7：      //定义实例方法
8：          public int getStudentNumber() //返回整型 m_studentNumber 值
9：          {
10：              return m_studentNumber；
```

```
11:         }
12:         public String getStudentName()//返回字符串 m_studentName 值
13:         {
14:             return m_studentName;
15:         }
16:         public double getJavaScore()//返回 double 类型 m_javaScore 值
17:         {
18:             return m_javaScore;
19:         }
20:         public void setStudentNumber(int n) //一个整型参数,设置学号
21:         {
22:             m_studentNumber = n ;
23:         }
24:         public void setStudentName(String name) //一个字符串参数,设置学号
25:         {
26:             m_studentName=name;
27:         }
28:         public void setJavaScore(double score) //double 参数,设置 java 成绩
29:         {
30:             m_javaScore=score;
31:         }
32: }
```

保存 TestExpandedClass.java 文件,编译该程序直到没有错误为止。

运行该程序,输出结果如下:

```
E:\>java TestExpandedClass
oneStudent 的学号是:
1
oneStudent 的姓名是:
Yinfei
oneStudent 的 Java 成绩是:
95.0
E:\>
```

提示:以后写程序时养成在每个程序前加上你的名字、时间、文件名和对写的程序的功能描述的习惯。有时你的老师或许要让你写上其他的相关信息。

5.5.3 对象初始化

就像变量声明时,可以同时为变量赋初始值一样,对象也应被赋初始值。例如,凡是创

建学生对象时，都赋学生对象的学校名称属性为“南京城市学院”。Java 语言中的构造方法，提供了为对象赋初始值的功能。

1. 构造方法

当写了一个类，比如 Employee，然后又通过以下语句创建了一个对象：

```
Employee someEmployee = new Employee();
```

实际上调用了一个由 Java 编译器提供的一个方法 Employee()。这种与类同名的方法称为构造方法，并且不提供返回值。

构造方法是一种建立对象的方法。构造方法书写格式是：

```
类名( ) { }
```

Java 系统提供的构造方法为对象的数据成员赋初始值，该初始值是其所属类型的默认值(参见表 3－1)。对象类型(类的类型)的初始值是：null(空)。如：Employee()构造方法作用是创建了一个员工对象，并且给这个对象属性赋予默认的初始值。

2. 自定义构造方法，为对象赋初始值

可能会提出这个问题：“如果在创建对象时，不想用缺省状况下的值给对象属性赋值，而是想用其他具体值作为初始值赋给对象，就像变量声明的同时为变量赋初始值一样，那么该怎么办呢?”

这个问题很好！这里有个非常简单的办法，那就是不采用 Java 编译器提供的构造方法，而是重新声明构造方法，实现构造方法的自定义。

下面给出自定义构造方法的要点。

> 构造方法是一种特殊的方法；
> 构造方法的方法名与包含它的类名完全一样；
> 构造方法没有返回类型。

读一读　5－8

现在希望创建每一个员工对象时，起始工资都是 800 元。那么可以用如下的构造方法来实现：

```
public class Employee
{
    float empSal;//声明员工工资为浮点型成员变量
    //声明实例变量
    //声明实例方法
    Employee() //声明构造方法，构造方法名必须与所在类名一致
    {
      empSal=800.00;
    }
}
```

> **解读：**
>
> 创建“ZhangSan” 员工对象：
>
> Employee ZhangSan =new Employee ()；
>
> 此时，“ZhangSan” 员工的工资 empSal 是 800 元。
>
> 请回答：为什么？

3. 利用构造方法，实现更多对象初始化操作

构造方法的目的是在创建对象的同时，完成给对象初始值的设置。也可以在创建对象时，让类自动做更多的事情。那么在构造方法的方法体中，除了写一些对类的成员变量进行赋值的语句外，还可以写其他的语句吗？比如打印信息等？回答是“当然可以！你想写什么就写什么，要它执行什么操作就执行什么操作，前提是要保证是合法的语句！”下面是给 Student 类添加一个构造方法的例子。

读一读　5－9

第 1 步：创建 Student. java 文件，并通过编译。

```
//Student. java
public class Student
{
    //声明成员变量
    int studentNum;
    float javaScore;
    //声明成员方法
    //构造方法
    Student() //构造方法名必须与所在类名一致
    {
        studentNum=88;
        javaScore=90;
        System. out. println(“你已经为 Student 中的 studentNum 和 javaScore 两个属性赋了值!”);
    }
}
```

第 2 步：创建 TestConstructor. java 文件，并通过编译。

```
// TestConstructor. java
public class TestConstructor
{
    public static void main(String args[])
```

```
    {
    Student one = new Student()；//创建对象 one
    System.out.println("one 的学号是：")
    System.out.println(one.getStudentNum())；
    System.out.println("one 的 Java 成绩是：")
    System.out.println(one.getJavaScore())；
    }
}
```

第 3 步：运行 TestConstructor.java 程序，输出结果如下：

```
E:\>java TestConstructor
你已经为 Student 中的 studentNum 和 javaScore 两个属性赋了值！
one 的学号是：
88
one 的 Java 成绩是：
90.0
```

想一想：

为什么 one 的学号是 88，one 的 Java 成绩是 90.0？

读一读　5 - 10

请写出下面两个程序的输出结果：

```
// 程序 1：
class TStatic
{
        static int i;
        public TStatic()
        {
                i = 4;
        }
        public TStatic(int j)
        {
                i = j;
        }
        public static void main(String args[])
        {
                TStatic t = new TStatic(5)；//声明对象引用，并实例化
```

```
        TStatic tt = new TStatic(); //同上
        System.out.println(t.i);
        System.out.println(tt.i);
        System.out.println(t.i);
    }
}
```

```
// 程序 2: Tstatic.java
class TStatic{
    int i = 2;
    public static void main(String args[]){
        TStatic t = new TStatic(); //第一次实例化,系统自动初始化
        t.i = 3;//重新对 t,i 赋值
        TStatic tt = new TStatic(); //实例化第 2 个对象
        System.out.println(t.i);
        System.out.println(tt.i);
    }
}
```

程序 1 的答案为:

4
4
4

程序 2 的答案为:

3
2

思考:如果程序 2 中的 i 声明为 static 类型时,输出结果又会怎样?

程序 1 中出现 2 个相同方法名的方法 Tstatic,请注意观测二者有何不同。将在方法重载部分加以讲解。

5.5.4 对象操作

使用点运算符“.”来访问对象的成员。语法格式是:

对象名.类成员变量名

通过类提供的实例方法,使用点运算符“.”完成对象的操作。语法格式是:

对象名.实例方法名(参数表)

读一读　5－11

Party 类与 my Party 对象、your Party 对象

Party
date time place
setDate() setTime() setPlace() getDate() getTime() getPlace()

1. 分析类

一般来说，不管举行什么 Pary，都包含举行的日期、时间、地点等信息。因此，建立 Party 类时，属性包括：date、time、place。

人们需要明确 Party 举行的日期、时间、地点，所以 Party 类，提供确定日期、时间、地点的 3 个方法(setDate()、setTime()、setPlace())。

对于客人来讲，经常会问 party 的具体日期、时间、地点，那么就要定义 3 方法 getDate()、getTime()、getPlace()，来帮助客人查询获得这个 Party 的具体日期、时间、地点。

2. 写出程序

```
public class Party
{
    //声明成员变量
    String date, time, place;
    //声明成员方法
    public void setDate(String x)
    {
      date= x ;
    }
    public void setTime(String x)
    {
      time= x ;
    }
    public void setPlace(String x)
    {
      place=x
    }
    public String getDate()
    {
      return date;
    }
    //getTime();
    //getPlace();

    public static void main(string args[])   //main()方法
    {                                         // main()方法代码块开始界限
```

/＊我高中毕业了，开一个毕业 Party(一个具体的对象，Party 类的一个实例)，将我的 Party 命名为“myParty”。作为 Party 类的一个成员(实例)myParty，就像所有的 Party 一样，它有 date、time、place 三个成员变量，以及 Party 类提供的若干方法，如 setDate()、setTime()、setPlace()对成员变量赋值。

```
    下面创建对象 myParty,并利用类方法对对象赋值
    */
    Party myParty; //声明对象引用 myParty
    myParty =new Party(); //初始化对象 myParty
    myParty.setDate("5月12日"); //通过参数传递利用类成员方法向 myParty.date 赋值
    myParty.setTime("18点."); //通过参数传递利用类成员方法向 myParty.time 赋值
    myParty.setPlace("中心大酒店.");
    //下面声明对象引用 yourParty 并对其赋值
    Party yourParty;
    yourParty.date="5月12日"; //直接向对象属性赋值
    yourParty.time="18点"; //直接向对象属性赋值
    yourParty.place="中心大酒店"; //直接向对象属性赋值
    //
    System.out.println("我的 Party 是"+ myParty.getDate()+myParty.getTime()+
myParty.getPlace());
    System.out.println("你的 Party 是"+ yourParty.getDate()+yourParty.getTime()+
yourParty.getPlace());
    }
}
```

练一练　5-3

作为班长,要召开一个班会,怎么利用 Party 类提供的方法,来设置开会日期(5月8日)、时间(下午2点)、地点(410教室),并提供同学查询呢?请简单写出工作步骤。

解答:

本章小结

本章首先介绍了面向对象编程的3大特征:封装性、继承性和多态性;然后介绍了类的结构,包括成员变量和成员方法,以及他们的访问权限;接着又学习如何定义一个类,如何通过类来创建对象,如何通过对象访问对象的属性和方法。

本章实训

学习如何定义类和创建对象,参见"实训部分,实训5"。

本章习题

1. 创建一个具有 radius(半径)、area(面积)和 diameter(直径)等属性的类 Circle,添加 setRadius()、getRadius()、calDiameter()等方法来计算圆的直径,添加一个方法 calArea()

来计算圆的面积，把程序保存为 Circle. java。

2. 创建一个名为 Pizza 的类。该类包含了 3 个成员变量，分别为：

Pizza 的类型(type)，(比如意大利香肠类型)

Pizza 的尺寸(size)

Pizza 的价格(price)

该类还包括给每个成员变量设置值(set)和取值(get)的方法。

3. 创建一个具有 collarSize(领子尺寸)和 sleeveLength(袖长)两个字段的类 Shirt，添加一个字符串类型的类变量 material，并设置初始值为“cotton”。

4. 请给医院病人建一张健康体检表的类，类名为 Checkup。该类包含了病号、病人的姓名、血压。

第 *6* 章　再论类成员

学习目标

- 掌握对象方法(实例方法)应用
- 掌握静态方法应用
- 掌握方法的按值调用与参数作用域
- 掌握 main 方法使用
- 了解递归结构

生活场景

一名厨师要掌握川菜、粤菜、鲁菜、淮扬菜等各菜系的烹饪技巧和制法是很困难的,因为上述任何一种菜系的掌握都需要大量的时间。如果有一个大型的酒店想出售中国各菜系的菜肴,它会如何运作呢?一定会"分而治之"——分别聘请各菜系的厨师。

另外,如果一个酒店有100张餐桌,是不是要为每个餐桌配备一名厨师呢?知道一点常识的人都知道,假如这个酒店的经理真的这么做了,他的酒店离倒闭就不远了。通常的情况是只配备1到3名主厨和若干负责洗碗、洗菜、切菜等的副手。人们还发明了洗碗机等机器,提供重复使用,减少重复劳动。

学习场景

自然,对于程序设计更是如此,在设计一个大型软件时,所涉及的各种门类的知识和需要处理的数据多种多样,这就需要开发人员分工协作,各自处理自己擅长领域内的知识。一般软件会被分为相互较为独立的功能模块——方法,通过对方法的调用的最终整合,最后形成一个功能完善的软件系统。

当然在编程时也会遇到需要大量重复编写代码的地方,一般是将重复的代码写入一个方法中,需要时再来调用即可,这样就解决了重复编写程序的问题,这种方式叫做"重用"。假设,现在需要完成一个复杂系统的设计,而且该系统所涉及的问题相当繁杂,那么如何分解该系统呢?如何为该系统分配功能模块呢?那么需要掌握 Java 语言的基本功能单元——方法的定义和使用技巧,当然包括它的调用规则。

6.1　对象方法(实例方法)

对象方法(实例方法)需要创建一个对象,静态方法的运行可以不需要创建对象而直接调用。

6.1.1　对象方法的创建和调用

在调用对象方法(实例方法)前,必须先创建对象。

对象方法创建和应用的一般步骤是:首先在 X 类中写出不带 static 修饰的对象方法(实例方法)methodX()(注:这可能是 A 程序员负责的部分);其次在其他类中(可能是 B 程序员,也可能是同一人)编写创建 A 程序员提供 X 类的对象 bX;最后通过对象 bX 调用 X 类提供的对象方法(实例方法)bX. methodX()。也有可能 C 程序员(也可能是同一人),在其他类中,也编写创建 A 程序员提供 X 类的对象 cX,然后通过 cX 调用 X 类提供的对象方法(实例方法)cX. methodX()。这样提高了 A 程序员编写的 X 类的复用性。体现了面向对象编程的优点。

读一读　6-1

```
//对象方法调用语法:对象引用变量名.成员方法名();
//一个程序 X . java
public class X
{
        …;
        public void methodX()       // 这是一个对象方法(实例方法),为什么?
          {
            …;
          }
        public 返回值类型 methodY()       // 这是一个对象方法(实例方法),为什么?
        {
            …;
            return stmt;       //返回一个与返回值同类型的数值
          }
  }

//另一个程序 B . java
public class B //
{
      …;
      X bX=newX();       //创建对象 bX,其引用变量名是 bX
      bX. methodX();       //调用对象方法(实例方法)
```

```
}

//又一个程序 C.java
public class C
{
   …;
   X cX=newX();       //创建对象 cX,其引用变量名是 cX
   cX.methodX();      //通过"对象引用变量名.方法名",调用对象方法(实例方法)methodX
()
   cX.methodY();      //调用对象方法(实例方法)methodY()
}
```

在 5.5.2 中,已经学习了利用对象方法(实例方法)给对象属性赋值,并提供对象属性查询时,已学会了如何创建实例方法,创建一个对象,然后让该对象运行此方法。其实第 5 章"读一读 5-2、5-7、5-8、5-9、5-10、5-11 中都有对象方法(实例方法)应用。本章不再对实例方法作更多讨论。

6.1.2 使用 this 索引、类变量

本节讨论 this 索引(引用)和类变量的概念。

1. this 索引(引用)

通过类可以创建这个类的很多对象,程序运行时类将变得很大。如果类很大的话,那么对计算机的内存要求就要高些。幸运的是,用 Java 语言编写的程序中,不需要为从同一个类上创建出来的不同对象所包含的数据和方法在计算机上作多个备份。

然而如果在 Student 类中创建了一个方法,那么每个 Student 类的实例对象都可以使用这个方法,对于这些对象都执行相同的指令,所以只需要对这个方法在计算机上作一次备份就够了。

使用一个实例方法,只需要用到一个对象名、一个"."和一个方法名,比如"firstStudnet.getStudentNumber();"。当使用 firstStudnet.getStudentNumber()方法时,表示对象 firstStudent 使用了 Student 类提供给 Student 类型的对象的一个公用的方法。但是对于 getStudentNumber()中要取的 studentNumber 这个字段是 firstStudent 自己的,每个 Student 类型的对象都有它自己的字段。但不管有多少对象存在,只有一个 getStudentNumer()方法存在;当调用 firstStudent.getStudentNumber()方法时,编译器需要知道将 studentNumber 返回给哪个对象。编译器能正确地将所需的字段返回是因为已经在方法名前加了对象名 firstStudent。这种索引称为 this 索引。

读一读　6-2

```
//带有 this 索引的 getStudentNumber()和没有 this 索引的 getStudentNumber1()方法
public class Example
{
   public int getStudentNumber()
   {
           return m_studentNumber;
   }

   public int getStudentNumber1()
   {
           return this. m_studentNumber;
   }
}
```

解读：

两个方法实际上是执行了相同的操作，一个方法中用到了 this，而另一个没有用到。

说明：不管在方法中有没有用到 this 这个索引字，它总是存在的，正因为如此，它总是能被对象所访问！

2. 类变量

类变量就是可以被属于这个类的所有对象所共享的成员变量，在任何时候这个成员变量的值对于这些对象是相同的。类变量就是在一个类的字段声明部分的成员变量前加上 static 这个关键字。通常将所有对象在任何时候都拥有相同值的成员变量声明为类变量。

读一读　6-3

```
/* 程序 Student. java
同一所学校的每个学生对象，都拥有相同的校名，那么将校名这个成员变量声明为类变量！
即加上 static* /
public class Student
{
        private static String schoolName="南京中学"; //也可以将 static 放在 private 之前
        private int studentNumber;
        Student(int number)
        {
                studentNumber=number;
         }
         public void showSchoolName()
```

```
    {
            System.out.println("学号为："+studentNumber+"的同学在"+schoolName
+"上学!");
    }
    // 其他的方法
}
```

解读：

假设另一个程序创建了下面两个学生：

```
Student firstStudent=new Student(1);
Student secondStudent=new Student(2);
```

然后又执行了下面两句语句：

```
firstStudent.schoolName="南京外国语中学";
firstStudent.showSchoolName();
secondStudent.showSchoolName();
secondStudent.schoolName="南京外校";
firstStudent.showSchoolName();
secondStudent.showSchoolName();
```

程序运行，得出了下面的两行输出结果：

学号为 1 号的同学在南京外国语中学上学！

学号为 2 号的同学在南京外国语中学上学！

学号为 1 号的同学在南京外校上学！

学号为 2 号的同学在南京外校上学！

从这个输出结果可以看出尽管 firstStudent 和 secondStudent 两个对象的 studentNumber 不同，但 schoolName 的值时刻保持一致。

想一想，这个 Student 程序能运行吗？为什么？

读一读　6-4

```
//比较下面程序来理解 static 成员变量修饰符的作用。
// 未声明为 static 类型的成员变量举例：
class ClassA
{
    int m_b;
}

class ClassB
{
    void ex2( )
    {
```

```
        int i;
ClassA a = new ClassA(); //创建一个 A 类的对象 a
i = a.m_b; //这里通过对象名访问成员变量 b
    }
```

```
//声明为 static 类型的成员变量举例:
class ClassA
  {
        static int m_b;
    }

class ClassB
  {
        void ex2()
        {
          int i;
i = ClassA.m_b; //这里通过类名访问成员变量 b
        }
  }
```

6.2　静态方法

在下列情况下应该将方法定义为静态的:

- 方法在哪个对象上执行操作并不是很重要;
- 方法的操作必须在实例化对象之前运行;
- 方法履行的职责在逻辑上不属于一个对象。

方法声明时,在返回值类型前加 static,就是静态方法。静态方法执行其功能时不需要与某一特定对象相关,在同一个类中,静态方法可以被其他方法直接调用;在不同类之间,可以通过"类名.类方法名( )"来调用。总之不论是否在同类和不同类之间调用静态方法,都不需要创建对象来调用静态方法。

1. 静态方法创建格式

```
[访问控制修饰符]  static  返回值类型  方法名(形式参数表)[throws  异常类型]
{
//方法体
  }
```

其实我们一直在用静态方法：
如 main 方法就是静态方法：public static void main(String args[])
如："读一读 5-5"中 static double Area_rectangle(double c,double k)

2. 同一类内静态方法调用表达式的一般形式为

方法名(实际参数表)

3. 不同类之间静态方法调用格式是

类名.方法名(实际参数表)

这里的类名是指该方法所在类的类名。

实际参数表是用逗号分隔的表达式列表。调用时需要将实际参数的值传递给方法中的对应位置的形式参数中，因而要求实际参数的个数必须与形式参数的个数一致，并且要求每一个实际参数的类型一定要和对应位置处的形式参数的类型兼容。另外，若方法的形式参数表为空表，则对应的实际参数表也应该为空表，但注意一对括号不要省略。

下面是静态方法创建和调用的一般方法：

读一读 6-5

请与"读一读 6-1"比较有什么区别之处。

```
//一个程序 X .java
Public class X
{
......
        public static void mothodX()            // 这是一个静态方法,为什么?
          {
        ......;
        return stmt;            //返回一个与返回值同类型的数值
        }

        public static void mothodY()            // 这是一个静态方法,为什么?
        {
        ......;
        mothodX();            //同类内调用静态方法
        }
        }
```

```
//另一个程序 B.java
public class B
{
  ……
  X .methodX();            //跨类调用静态方法
}

//又一个程序 C.java
public class C
{
  ……
  X .methodX(); //跨类调用静态方法
}
```

读一读　6-6

在同一个类中调用静态方法。

```
//程序　Max1.java。求 3 个数中的最大值。
1: import java.io.*;
2: public class Max1
3: {
4:     public static double FindTheMax(double x,double y,double z) //需要 3 个参数,返回结果也是 double 类型。
5:     {
6:         double m;
7:         if(x>y)
8:           m=x;
9:         else
10:          m=y;
11:        if(m<z)
12:          m=z;
13:      return m;//返回最大值
14:    }
15:    public static void main(String args[])
16:    {
17:        double a,b,c,max;
18:        System.out.println ("请输入 3 个数,分别给变量 a,b,c。");
19:        try
20:        {
21:          BufferedReader in=new BufferedReader (new InputStreamReader(System.in));
```

```
22：            System.out.print("a=");
23：            String inputLine=in.readLine ();
24：            a=Double.valueOf (inputLine).doubleValue ();
25：            System.out.print("b=");
26：            inputLine=in.readLine ();
27：            b=Double.valueOf (inputLine).doubleValue ();
28：            System.out.print("c=");
29：            inputLine=in.readLine ();
30：            c=Double.valueOf (inputLine).doubleValue ();
31：        }
32：        catch(Exception e)
33：        {
34：              System.out.println ("您输入的数据有误!");
35：                return;
36：        }
37：      max=FindTheMax(a,b,c);// 类内调用方法 FindTheMax
38：        System.out.println ("这 3 个数的最大的一个为："+max+"。");
39：    }
40：}
```

解读：

FindTheMax 方法通过比较 x,y,z 的值，将最大值赋给 m 并通过 return 语句返回结果。在第 37 行 main 方法调用了 FindTheMax 方法，并把用户输入的 3 个数 a,b,c 作为实际参数传递给形式参数 x,y,z。用 max 接收 FindTheMax 方法返回的结果。

读一读　6-7

在不同类中调用静态方法。

```
//程序　Max .java。求 3 个数中的最大值。
1：import java.io.*;
2：class Max
3：{
4：  public static double FindTheMax(double x,double y,double z)    //需要 3 个参数，返回结果也是 double 类型。
5：    {
6：          double m;
7：          if(x>y)
8：              m=x;
9：          else
10：              m=y;
11：                if(m<z)
12：              m=z;
13：            return m;//返回最大值
14：    }
15：    }
```

```
//程序 MaxDemo.java
16: public class MaxDemo
17:     {
18:   public static void main(String args[])
19:   {
20:         double a,b,c,max;
21:         System.out.println ("请输入 3 个数,分别给变量 a,b,c。");
22:         try
23:         {
24:              BufferedReader in=new BufferedReader (new InputStreamReader(System.
                 in));
25:              System.out.print("a=");
26:              String inputLine=in.readLine ();
27:              a=Double.valueOf (inputLine).doubleValue ();
28:              System.out.print("b=");
29:              inputLine=in.readLine ();
30:              b=Double.valueOf (inputLine).doubleValue ();
31:              System.out.print("c=");
32:              inputLine=in.readLine ();
33:              c=Double.valueOf (inputLine).doubleValue ();
34:        }
35:        catch(Exception e)
36:        {
37:              System.out.println ("您输入的数据有误!");
38:              return;
39:            }
40:        max=Max.FindTheMax(a,b,c);//调用 Max 类中的方法 FindTheMax
41:        System.out.println ("这 3 个数的最大的一个为: "+max+"。");
42:     }
43:   }
```

解读:

在这个例子中,因为 FindTheMax 方法和调用它的方法 main( )不在同一个类中,所以必须在调用 FindTheMax(a,b,c)前加上它所在类 Max 来指明 FindTheMax( )所属的类。

6.3　方法的按值调用与参数作用域

一个方法(或称为一个服务)与调用该服务的程序之间存在着数据交换关系,那么进行数据交换的正确途径是利用参数传递(从调用者到服务者)与返回(从服务者到调用者)。那么调用者是如何将实际参数传递到服务者的形式参数中的呢?

在 Java 中提供了按值传递调用的方式。调用方法时,如果传递的参数是基本数据类型,在方法中若改变了形式参数的值不能影响到实际参数,即实际参数的值不变。

读一读　6-8

参数传递练习程序。

```
//程序　Transfer_ Parameter.java。计算立方体体积。
1：public class Transfer_Parameter
2：{
3：      public static void cube(int i,int j)
4：      {
5：         i=i*i*i;
6：         j=j*j*j;
7：      }
8：    public static void main(String[] args)
9：    {
10：            int x=46,y=23;
11：// 实际上调用该方法只是将 46 和 23 两个值传给 cube 中的 i 和 j,而不是 x 和 y 本身!
12：            cube(x,y);
13：            System.out.println ("x="+x+" "+"y="+y);
14：      }
15：    }
```

输出结果如图所示：

```
C:\Program Files\Xinox Software\JCreat...
x=46 y=23
Press any key to continue...
```

解读：

程序原意是给 x 和 y 赋个初值,然后调用 cube 方法对 x 和 y 做三次方,再由系统输出 x 和 y 的三次方值。但是这个程序得不到预期的结果,因为 cube 方法采用了值传递调用。调用 cube 时,将实参 x 和 y 的值传递给形参 i 和 j,尽管在 cube 方法中计算了两个形参 i 和 j 的三次方值,但从 cube 方法返回后,形参 i 和 j 就消失了,而此时的 x 和 y 的值仍是原来的值。

刚才讲到 cube 方法返回后,形参 i 和 j 就消失了。这是为什么呢?这需要考虑到形式参数的作用域与生命周期。在 Java 中一个方法的形式参数的作用域是该方法的整个方法体,即从"{"开始,到"}"结束。在此范围内对于该方法的所有形式参数都是可见的。而方法的形式参数的生命周期则是从该方法被调入执行开始到被执行完毕为止的整个执行周期内。这里所讲的参数的作用域规则和 3.4.4 节介绍的变量在块中的作用域规则合在一起就构成了方法的标识符作用域规则。

想一想应该怎样修改?

练一练　6-1

请问下列程序的输出结果。

```
//Demo.java 程序
1：public class Demo
```

```
2：{
3：      public static int add(int i,int j,int h)
4：      {
5：           int sum=0;
6：           sum=i+j+h;
7：           i++;
8：           j++;
9：           h++;
10：            return sum ;
11：      }
12：      public static void main(String args[])
13：      {
14：            int x=1,y=2,a=3;
15：            System.out.println (add(x,y,a));
16：            System.out.println (add(x,y,a));
17：      }
18：  }
```

解读练习：

本程序的类名？

本程序有几个方法？方法名？是静态方法吗？为什么？

方法 add()有几个参数？参数是什么数据类型？

方法 add()返回什么类型的值？你是怎么知道的？

计算机怎么知道该程序从哪里开始运行？

x,y,a 是否有变化？为什么？

练一练　6－2

请编写一个计算长方形面积的方法 area()，从 main()方法中调用该计算长方形的方法。

//Demo.java 程序，写出“?”部分内容

```
1：public class Demo
2：{
3：      public static ? area(?,?) //写出方法返回值类型和需要的参数
4：      {
5：         //计算面积
6：
7：
8：
9：
10：          return ? ;//返回面积值
11：          }
12：    public static void main(String args[])
```

```
13:  {
14:       ? //长、宽变量声明与赋初值
15:       ? // 屏幕输出,计算结果。(通过方法调用获得面积结果)
16:
17:  }
18: }
```

解读练习:

本程序的类名?

本程序有几个方法? 方法名? 是静态方法吗? 为什么?

计算面积方法 area()需要几个参数? 参数是什么数据类型?

方法 area()返回什么类型的值? 你根据什么确定?

计算机怎么知道该程序从哪里开始运行?

6.4 使用 main 方法

main 是 JVM 的入口点,即 main 让 JVM 知道应用程序从哪个类开始运行,main 负责协调其他方法并协调程序其余部分的运作。

从第 2 章开始就一直在用 main 方法了,这里再读 main 方法语法:

```
public static void main(String args[])
{
//方法体
}
```

String args[]是 main()的参数表,在运行程序时,用户根据参数表要求键入必须的值。按所希望的键入顺序加以编号,从 0 开始。args[0]是第 1 个参数,args[1]是第 2 个参数,依此类推,它们都是字符串类型(见第 8 章)

main 方法必须用 public static 修饰,表示为公共静态方法,这样不必创建对象,就可以直接调用 main()。

第 5 章"读一读 5-4"程序中,只能计算两种固定长宽的面积。那么怎样让第 5 章"读一读 5-4"这个程序可以计算无数个长、宽配合的长方形面积? 也就是想让这个程序在运行时,根据用户(任何运行该程序的人)来指定长、宽,计算长方形面积,而不是在程序内设定这些值(如"读一读 5-4"中,对长、宽赋值在程序中第 12 行完成),最终实现灵活的交互式效果,充分发挥计算机的作用。按照下面两步可以实现愿望。

- 在程序中使用命令行参数 args[0]、args[1]、args[2]等等。
- 使用 main 方法获取命令行输入。

以前的 main 方法中,没有用到 args[]参数表,所以一直运行 Java 程序的命令行

是:"java 程序名"。

现在如果程序中用到参数,则需要向程序发送命令行参数。其语法是:

Java　　程序名　　数值 1　　数值 2　　数值 3...
需要提供的数值个数,依据根据 main 方法中用到多少个 args[]而定。

读一读　6-9

```
// ReturnDemo.java 程序
1: public class ReturnDemo          //类头部
2: {
3:       /* 声明一个方法 Area_rectangle,该方法需要输入参数 c 代表长、k 代表宽,
4:        返回一个双精度数据类型的值代表方法计算结果(面积)
5:       */
6:       static double Area_rectangle(double c,double k)
7:       {
8:          return c* k; //计算长×宽后,结果返回双精度类型的数据
9:       }
10:      public static void main(String args[]) // void 表示 main()方法没有返回值。
11:      {
12:       //以下是原来"读一读 5-4"中语句,故意留作对比之用。
13:         // double c1=78,c2=88,k1=98,k2=453; //对长、宽赋值,
14:         //System.out.println ("长方形 1 的面积为:"+Area_rectangle(c1,k1));
15:         //System.out.println ("长方形 2 的面积为:"+Area_rectangle(c2,k2));
16:         System.out.println ("你输入的长是"+args[0]+"宽是"+ args[1]);
17:         /* 运行程序时,将参数"args[0]"转换为 double 型,
18:         作为输入的长,参见第 8 章。*/
19:         double c1=Double.valueOf(args[0]);
20:         //下一行是将调用 main()时,给出的第 2 个参数"args[1]"转换为 double 型,作为
输入的宽。
21:         double k1=Double.valueOf(args[1]);
22:         System.out.println ("长方形面积是:"+Area_rectangle(c1,k1));
23:      }
24: }
```

解读:

通过启动 Java 程序运行时,提供实际参数调用 main 方法,这就将实际数值传入到程序中。实现了程序的交互性和灵活性。

1) 运行程序时输入命令:Java ReturnDemo 78 98

输出结果如下所示:

输入的长是 78 宽是 98

长方形面积是:7 644.0

2）运行程序时输入命令：Java ReturnDemo 88 453
输出结果如下所示：
输入的长是 88 宽是 453
长方形面积是：39 864.0
3）运行程序时输入命令：Java ReturnDemo 2 30
输出结果如下所示：
输入的长是 2 宽是 30
长方形面积是：60.0
……

6.5 递归结构

在 Java 中一个方法在其定义的方法体中可以实现直接或间接地调用自己，这样的方法称为递归方法。如果方法在其方法体中直接调用自己，则称为直接递归方法。如果方法在其方法体中调用了其他的方法，而其他方法又调用了该方法，则称此方法为间接递归方法。

读一读　6-10

下面的程序用递归方式计算 1～1 000 之间所有整数和的程序。

```
//程序 Add_Up4.java
1：public class Add_Up4
2：{
3：   public static int add_up(int i)
4：   {
5：         if(i==1)
6：            return 1;//递归结束
7：         else
8：            return i+add_up(i-1);//递归调用，即返回表达式，又调用 return 语句其所在
的方法自身。
9：      }
10：   public static void main(String args[])
11：          {
12：         int sum;
13：         sum=add_up(1000);
14：            System.out.println("1～1 000 的所有整数和为："+sum+"。");
15：            }
16：}
```

输出结果如图：

根据程序 Add_Up4.java 可知，递归程序的一般结构为：一个是递归结束，返回部分，如程序的第 6 行。当程序中的第 6 行被执行时，说明前一个 add_up 方法一定调用了 add_up(1)，即计算 1 到 1 的和，所以返回 1。另一个是递归调用部分，如程序的第 8 行。即：要得到 1 到 i 之间的所有整数的和就是用 i 加上 1 到 $i-1$ 之间的和。据此一定可以得到形如下面的计算 1 到 i 之间所有整数和的递归定义式：

$$add\_up(i)=\begin{cases}1\\ i+add\_up(i)\end{cases}$$

其调用与回调行为如下图所示：

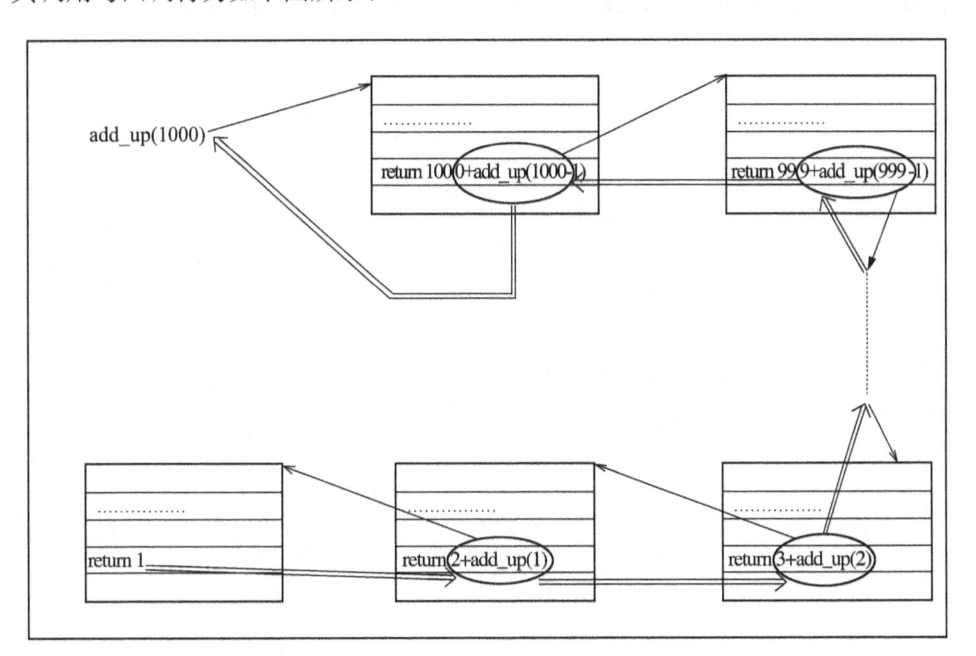

注：——→ 调用方向；⟹ 回调方向。

本章小结

本章再次讨论了对象方法(实例方法)与静态方法的区别和使用。进一步分清方法的按值调用与参数作用域。介绍了利用 main 方法实现程序交互的使用技巧。最后介绍了递归结构的方法实现。

本章实训

学习如何定义方法和方法的调用，如何使用递归实现一些数学公式的计算。参见“实训部分，实训 6”。

本章习题

1. 编写一个程序来计算从今天到今年年底还有多少天。

2. 编写一个程序来回答以下几个问题：

(1) 64 的平方根是多少？

(2) 55.8 四舍五入后的值为多少？

(3) 求出字符‘t’和整数 68 中最大的和最小的值。

3. 一户农家有 1 对白兔，3 个月后这对白兔可以繁殖 1 对小白兔。现编写一个递归调用的程序，计算 n 个月后，这户农家将拥有多少只白兔。

4. 编写程序来解决“百钱买百鸡”问题。该问题是指母鸡五钱 1 只，公鸡三钱 1 只，而小鸡是一钱 3 只，请问现在有一百钱，要买 100 只鸡，可以有多少种买法？

第 7 章　方法重载、内部类、系统类

学习目标

- 掌握方法重载
- 掌握内部类
- 掌握系统类

7.1　方法重载

在 Java 语言中，一个类可以有几个方法，不同方法可以有相同的名称，执行基本同一类的任务，但分别接受不同的参数，这就是方法重载。

7.1.1　重载

重载这个词它的原意是“动词相同，宾语个数或类不同”。比如可以说“打开门”(1 个宾语)、“打开门、窗户”(2 个宾语)、“打开门、窗户、书本”(3 个宾语)等等。这里用了同一个动词“打开”，打开的宾语列表(东西个数)不同，得到了 3 种不同的结果。这里“打开”是方法名，宾语列表是参数列表。

> 方法重载是指在一个类中定义了多个具有相同方法名，但这些方法的参数列表或参数类型不同。

也可以用其他的名字来定义多个方法，从而来实现类似的操作。如“打开门”，“打开门、窗户”，“打开门、窗户、书本”。这样的话，在调用方法时，需要想想到底要调用哪个名字的方法？如果类中的方法很多，就很容易混淆。方法重载的目的就是只要记一个方法名字，而完成不同的类似任务。

方法重载就是用相同的方法名，定义多个方法体。可能会问：“如果要调用多个方法中的某个方法时，编译器会知道吗？”答案很明确：“会的。”编译器会根据这些方法所带的不同参数个数或参数类型来调用相应的方法。

读一读 7-1

根据本金和利率来算出利息。

分析：写出计算利息的方法，本金和利率通过参数传递，以计算不同的本金、利率下的利息。

```
public class demo
{
  public static void calInterest(double balance, double rate) //类方法两个 double 参数。
  {
    double interest; //声明利息变量
    interest = balance* rate;//计算利息=本金 * 利率
    System.out.println("本金="+ balance + ", 利息是="+ interest);
  }

public static void calInterest(double balance, int rate) //带了 double 和 int 类型参数的 calInterest() 重载方法
  {
    double interest;
    interest = balance * (rate/1 000.0);//将传递来的利率 25 除以 1 000
    System.out.println("本金="+ balance +" 利息="+ interest);
  }
    public static void main(String args[])
  {
    calInterest(100,0.025);//调用方法 calInterest(double balance, double rate),计算利率是 0.025,本金为 100 的利息。

    calInterest(100,25);//调用重载方法 calInterest(double balance, int rate),计算利率是 25‰,本金为 100 的利息。
    }
  }
```

解读：

定义 calInterest(double balance, double rate)方法时，设置参数：本金 balance、利率 rate 为 double 类型。

讨论：

1) 计算利率是 0.025，本金为 100 的利息。调用 calInterest(double balance, double rate)方法，并传递参数 calInterest(100, .025)。运行结果是本金=100，利息=2.5
2) 如果用千分数记录利率，rate 可能被计为 25，如果调用 calInterest(double balance, double rate)方法 calInterest(100, 25)；则运行结果是 2 500。结果明显不对。
3) 解决方案：可以重载这个方法，也就是另外写个方法，方法名和这个方法一样，但将 rate 这个参数的类型改为 int 类型。这样，当主方法 main()中，执行调用语句 calInterest(100, 25);时，实际调用的是重载方法calInterest(double balance, int rate)（见图中下划线部分）。

4) 除了用方法重载解决问题外，当然可以采用定义一个新方法名来解决这个问题，比如说 calInterestUseInteger()。但是如果采用这种方法，在调用方法时，需要想想到底要调用哪个名字的方法？如果类中的方法越多，就越不容易记住。而方法重载，只要记住方法名就可以了。

问一问：

在 calInterest(double balance, int rate)的方法体内，用利率除以 1 000.0，而不是除以 1 000，为什么？（因为如果两个 int 类型的数相除，结果会将小数点后的数舍去，银行利息的精确度要求比较高，所以不能除以 1000。）

读一读　7-2

```
/*程序里写出了几个重载的方法，这些方法主要用来显示日期。
创建一个新文件 overloadDemo.java，包含 overloadDemo 类，这个类带有 3 个整型变量，3 次
调用 overloadDate()方法：
程序员：yinfei */
//第 1 步：  定义类 overloadDemo
public class overloadDemo
{
  //第 2 步：  写出主方法 main()，程序入口
  public static void main(String args[])
  {
        int month=5, day=1, year=2006;
        overloadDate(month); //调用方法：  带 1 个参数的 overloadDate()
        overloadDate(month,day); //调用方法：  带 2 个参数的 overloadDate()
        overloadDate(month,day,year); //调用方法：  带 3 个参数的 overloadDate()
  }

   //第 3 步：  创建一个 overloadDate()的方法，该方法带有一个参数：
   public static void overloadDate(int m)
   {
         System.out.println("调用方法的日期是："+m+"月");
   }

   //第 4 步：  创建一个 overloadDate()的方法，该方法带有两个参数：
   public static void overloadDate(int m, int dd)
   {
       System.out.println("调用方法的日期是："+m+"月/ "+dd+"日");
   }
   //第 5 步：  创建一个 overloadDate()的方法，该方法带有 3 个参数：
   public static void overloadDate(int m, int dd, int yy)
   {
```

```
        System.out.println("调用方法的日期是："+m+"月/"+dd+"日/"+yy+"年");
    }
}
```

保存该类 overloadDemo.java。

编译该程序，并运行该程序，输出结果如右图。

```
调用方法的日期是：5月
调用方法的日期是：5月/1日
调用方法的日期是：5月/1日/2006年
```

解读：

本程序建立了3个相同名称，不同参数个数的方法 overloadDate()，实现了类方法的重载，简化了方法的调用。

7.1.2 构造方法重载

构造方法的重载和参数传递是需要掌握的。

1. 传递参数给构造方法

基于前面的知识，知道如果新建了一个类，那么Java自动提供了一个构造方法。在第5章已经学过自定义构造方法，对类成员变量赋初始值。这里学习构造方法的接收参数应用。这样在创建每个新的对象时，可以对这些对象的属性数据赋不同的值。

2. 构造方法的重载

前面知道如果在创建类的时候没有写自己的构造方法，那么Java会自动提供一个构造方法。如果创建了自己的构造方法，那么Java原先提供的那个不带参数的构造方法就不复存在了。在程序中需要用到这种不带参数的构造方法，应该怎么办呢？幸运的是在Java中，构造方法也可以被重载。换句话说，在一个类中可以定义多个构造方法，只是所带的参数列表不同而已。所以可以写带参数的构造方法，也可以写不带参数的构造方法，这两种情况可以并存。

可以写带多个参数的构造方法，并且所带参数的类型可以是任何Java语言允许的类型，具体情况具体分析。

读一读 7-3

现在公司里雇佣了一批小时工，把他们的工号默认设置成888，如果要通过调用构造方法怎么处理呢？

```
public class Employee // Employee 类
{
    private int empNum;
    private double empSalary;
    Employee() //构造方法，设置 empNum 初始值为 888
    {
```

```
                    empNum=888;
            }
    Employee(int num) //带有一个参数的 Employee 构造方法。提供在创建对象时,设置
empNum 为传递 // 来的值。
    {
    empNum = num;
    }
        //其他的方法
    }
```

解读：

其他类利用对象声明语句，创建一个员工对象（如：partTimeWorker）后，这个员工的工号自动设为 888。如：

Employee partTimeWorker = new Employee()；

想一想：

1）可以在创建每个 Employee 类型的员工对象之后，分别调用 setEmpNum()方法来设置各自的工号，但是构造方法是在创建对象时就设置了他们的工号，这是两者之间的区别！

2）想要在每次创建员工时他们的工号都不同，应该怎么办呢？

可以创建一些构造方法，使它们带有一定的参数，然后在调用这些构造方法时只要传递不同的参数就可以达到目的了。请读阴影部分（带有一个参数的 Employee 构造方法）。

如：其他类利用对象声明语句，创建一个员工对象（如：partTimeWorker）时，将这个员工的工号自动设为“1234”。这个语句是

Employee partTimeWorker = new Employee(1234)；// 传递信息 1234 给构造方法的参数 int num。

3）仔细阅读程序，发现有两个同名的方法 Employee，一个不带参数 Employee()，一个带参数 Employee(int num)，称为构造方法的重载。

读一读　7-4

为 Student 类添加一个构造方法，调用该构造方法可以在创建学生对象时，赋不同的学号。

```
//程序 Student.java
public class Student     //第 1 步,写出 Student 类
{
    //第 2 步声明成员变量
    private int m_studentNumber; //声明学号变量
    private String m_studentName;//声明姓名变量
    private double m_javaScore;//声明 Java 成绩变量
    Student() //自定义不带参数构造方法,设
    {
        m_studentNumber=88;
```

```
        m_javaScore=90;
    }
    //第 3 步：改写构造方法
    Student(int number) //定义带参数构造方法，设
    {
        m_studentNumber=number;
        m_javaScore=90;
    }
    //第 4 步，写出其他成员方法
    public int getStudentNumber()
    {
        return m_studentNumber;
    }
    public String getStudentName()
    {
        return m_studentName;
    }
    public double getJavaScore()
    {
        return m_javaScore;
    }
    public void setStudentNumber(int n)
    {
        m_studentNumber =n;
    }
    public void setStudentName(String name)
    {
        m_studentName=name;
    }
    public void setJavaScore(double score)
    {
        m_javaScore=score;
    }
}
```

第 5 步：保存该程序并编译，直到没有错误为止！

第 6 步：创建一个新程序来验证这个新的构造方法：

```
//程序 constructDemo. java
public class constructDemo // constructDemo 类
{
public static void main(String args[])
{
```

```
Student one = new Student(14); //调用 Student()构造方法给 one 设置学号
System.out.println("新建学生的学号是:"+one.getStudentNumber());
Student two = new Student();
System.out.println("第 2 个学生的学号是:"+two.getStudentNumber());
}
}
```

第 7 步：编译并运行 constructDemo.java 程序，得出结果（见右图）。

```
E:/>java constructDemo
新建学生的学号是:14
第二个学生的学号是:88
E:/>
```

想一想：

如果在创建学生对象时，不仅传递学号信息，而且传递 java 成绩信息，应该怎样修改构造方法？

练一练　7-1

1) 请创建书(Book)的类，属性包括书名、作者、价格，并创建 Book 这个类的 3 个对象，即 3 本书，在调用构造方法时对这些属性进行初始化设置。
2) 请给银行账号写个类 Account，它的属性包括账号、姓名、电话，并为 3 个客户开 3 个账号。并添加一些 set 方法对这些属性进行重新赋值和 get 方法来获取这些属性。

7.2　内 部 类

所谓内部类，是指被嵌套定义于另一个类中的类。换句话说，一个类中可以定义其他的类，在本书中将包含内部类的那个类称为**外部类**。内部类被 JDK1.1 及以上的版本支持，内部类的定义和使用与其他一般的类相同。使用内部类主要可以将逻辑上有关的类组织在一起，并且可以控制一个类被其他类包含的情况下的可见性。

内部类主要包含以下特性：

➢ 内部类的类名必须与外部类的类名不同。内部类的类名只能在所定义的范围内使用。

➢ 内部类可以在一个方法内被定义。此时，在该内部类中可以存取包含它的方法中定义 final 类型的变量，不管是在方法体中定义的变量还是参数变量，但必须是 final 类型的。

➢ 在内部类中可以创建外部类的对象，还可以使用在外部类中定义的成员变量和成员方法。

➢ 内部类可以定义成抽象类(abstract)。

➢ 只有内部类可以被定义成 private 或者 protected 类型。在这种情况下，在外部类以外的类就不能访问该内部类，但该内部类可以使用包含它的外部类以外的类的成员。

➢ 内部类还可以扮演成一个被其他内部类实现的接口。

➢ 如果将内部类定义成static类型的类时，这个内部类就变成了顶层类。这时这个内部类就不能使用外部类中的成员变量或者任何其他数据。

➢ 在内部类中不能声明任何static类型的成员，只有顶层类才能声明static类型的成员。因此，一个需要static类型成员的内部类必须在包含它的顶层类中定义，然后它来使用。

下面通过一些例子来对以上内部类的部分特性进行说明。

读一读 7-5

内部类如何存取外部类成员

```
class OuterClass
{
        private int num;//声明类OuterClass的成员变量size,其初值默认为0
        public class InnerClass//声明内部类InnerClass
        {
            public void addNum() //内部类Inner的成员方法doStuff()
            {
                num++; //存取其外部类的成员变量
            }
        }
        public void testInner()//类Outer的实例成员方法
        {
          InnerClass i = new InnerClass(); //建立内部类InnerClass的对象i
          i.addNum(); //通过i调用内部类InnerClass的成员方法addNum ()
          System.out.println(num);
        }
    public static void main(String[]a)
    {
        OuterClass o = new OuterClass();
        o.testInner();
    }
}
```

输出结果如下所示：

1

解读：

该程序主要列举了内部类如何存取外部类成员。在类OutClass中定义了成员变量num、内部类InnerClass、实例方法testInner()和main()主方法。在内部类中定义了addNum()方法，该方法中对类OuterClass中的成员变量num进行了访问。

读一读　7-6

内部类中加上修饰符来存取外部类中同名的成员

```
public class OuterClass
{
    private static int num;//声明类OuterClass的成员变量num,其初值默认为0
    public class InnerClass//声明内部类InnerClass
    {
        private int num; //声明类InnerClass的成员变量num,其初值默认为0
        public void addNum(int num) //内部类Inner的成员方法addNum()
        {
            num++; //存取addNum( )方法中的参数变量,或称局部变量
            this.num++; // 存取内部类中的成员变量
            OuterClass.this.num++; //存取外部类中的成员变量
            System.out.println(num+" "+this.num + " "+OuterClass.this.num);
        }
    }
    public void testInner()//类Outer的实例成员方法
    {
        InnerClass i = new InnerClass(); //建立内部类InnerClass的对象i
        i.addNum(8); //通过i调用内部类InnerClass的成员方法addNum ()

    }
    public static void main(String[]a)
    {
        OuterClass o = new OuterClass();
        o.testInner();
    }
}
```

输出结果如下所示：

9　1　1

解读：

该程序主要指出了num变量在三种不同的场合下使用的情况：类OutClass的static成员变量内部类InnerClass的成员变量和addNum( )中的局部变量。这样做是完全可以的，但必须在num变量前加上不同的修饰符以便编译器区分。

读一读　7-7

```
//static类型的内部类
class OuterClass//定义类Outer
{
    public static class InnerClass //定义静态公用内部类
```

```
        {
            int x1;
            int x2;
        }
    public static InnerClass method() //静态方法 method()得到- InnerClass 类的对象
    {
        InnerClass i = new InnerClass();//并对其成员变量做了修改
        i.x1++;
        i.x2--;
        return i;
    }
}
public class StaticInnerClassTest
{
        public static void main(String[]args)
        {
          //静态公用内部类 InnerClass 可以以 OuterClass.InnerClass 的名称作为公共类
          使用此处
            //建立了该类的一个对象
                OuterClass.InnerClass obj = OuterClass.method();
                System.out.println("x1="+obj.x1);
                System.out.println("x2="+obj.x2);
        }
}
```

输出结果如下所示：

```
x1=1
x2=-1
```

解读：

如果不需要内部类来使用其外部类的对象，只想把一个内部类隐藏在另一个类里，那么你就可以将内部类声明为 static 类型，从而禁止对外部类对象的引用。

7.3 使用系统定义的类

一般必须先创建类，然后再创建这个类的对象。但在实际编程过程中，需要用到各种各样的类，难道必须写出所有的这些类吗？不是的，Java 系统已经创建了 500 多个类。

提示：在以前写的 System.out.println()这句语句中，其实就用到了 Java 创建的类 System，以及它的方法 println()，这些都是 Java 创建者创建的类和方法。

1. Java API

Java 提供了强大的应用程序接口(Java API)，即Java类库或Java API包。它包含了大量已经设计好的工具类，帮助编程人员进行字符串处理、绘图、数学计算、网络应用等方面的工作。在程序中合理和充分利用Java类库提供的类和接口，可以大大提高编程的效率，写出短小精悍的程序，取得良好效果。

Java API中包含了很多包，而这些包中又包含了很多类。这里列出了一些包，包中具体包含了哪些类，可以从Java帮助文档中查阅(参见实训部分，实训13)。

包　名	说　　　明
Java. lang 自动导入	Java. lang是核心包，它提供Java语言中Object、String和Thread等核心类与接口。这些核心类与接口自动导入到每个Java程序中，没有必要显式地导入它们。该包中还包含基本类型包装类、访问系统资源的类、数值类和安全类等。
Java. io	提供一系列用来读/写文件或其他输入/输出源的输入/输出流。
Java. util	包含一些低级的实用工具类，比如：日期类、堆栈类、随机数类、向量类。
Java. net	包含一些与网络相关的类和接口，以方便应用程序在网络上传输信息，分为：主机名解析类、Socket类、统一资源定位器类、异常类和接口。
Java. awt	提供了Java语言中的图形类、组成类、容器类、排列类、几何类、事件类和工具类。
Java. applet	Java. applet是所有小应用程序的基类。它只包含一个Applet类，所有小应用程序都是从该类继承的。
Java. security	包含Java. security. acl和Java. security. interfaces子类库，利用这些类可对Java程序进行加密，设定相应的安全权限等。
Java. swing	所有swing控件都是由Java程序写成，并且尽可能地实现平台无关性。该类库中具有完全的用户界面组件集合，是在AWT基础上的扩展。因此，对于图形方面的Java. awt组件，大多数都可以在Javax. swing类库中找到对应的组件。

其实前面已经用到了系统创建的这些类，只是可能没有注意到罢了。System、Boolean、Integer、Float等等这些都是类，都可以来创建这些类的对象。这些类都被存储在一个包(package)中，这个包实际上是一个文件夹，主要用来对类进行归类。有时也将这个包称为类库(library of classes)。

Java中有许多包，这些包中分别包含了很多类。对于那些常用的、最基本的类，Java将它们放在Java. lang包中。在程序中用到Java. lang包中类时，不需要写出相关的语句来导入这个包，系统会自动地将Java. lang包导入。如果写程序中需要用到那些不常用的类的包时，需要写出相关的导入语句来将这些包导入。下面将对这两种情形分别说明。

2. Java. lang是系统默认提供的包，不需要写出相关导入语句

在Java. lang包中包含了一个Math类，这个类中主要包含了和数学有关的常量和方法。比如一个常用的常量是PI。在Math这个类中对PI的声明部分如下所示：

public final static double PI=3.14159265358979323846;

需要说明的是，这里的 PI 是：

- public：所以所有的程序可以直接地对它进行访问；
- final：它的值是不能被更改的；
- static：在计算机中只有一个备份；
- double：它有一个双精度类型的非常大的数据取值范围。

提示：在 Math 这个类中的所有常量和方法都是 static 类型的，也就意味着它们是类常量和类方法。

假设现在已知圆的半径，要求圆的周长，应该怎么来编写程序呢？请看下面：

double r = 5.3; // 圆的半径为 r;

double lengthOfCircle = 2 * java.lang.Math.PI * r; // 圆的周长 lengthOfCircle

也可写成 double lengthOfCircle = 2 * Math.PI * r;

说明　可以用 PI 在 Java 系统中的所在位置来定位 PI 的值。

因为 Math 类会被自动的导入到程序，所以可以用 Math.PI 来代替 java.lang.Math.PI。所以上面的表达式可以写成：

double lengthOfCircle = 2 * Math.PI * r;

Math 类中定义了很多有用的方法。下面列出了一些常用的方法：

表 7-1　Math 类中提供的常用方法

方　法	意　义
abs(x)	返回 x 的绝对值
max(x,y)	返回 x 和 y 中较大的那个数
min(x,y)	返回 x 和 y 中较小的那个数
pow(x,y)	返回 x 的 y 次幂
random()	返回系统自动产生的一个介于 0.0 和 1.0 中的一个 double 类型的数
round(x)	返回 x 四舍五入后的整数，如果 x 是 float 类型，则返回一个 int 类型的数；如果 x 是 double 类型，则返回一个 long 类型的数
sqrt(x)	返回 x 的平方根

提示：Math 这个类中的所有常量和方法都是类常量和类方法，所以不需要创建对象来调用这些方法和常量。而且也不可以创建 Math 类的对象，因为它的所有构造方法都是私有类型(private)。

读一读　7-8

下面写一个程序，在这个程序中要用到 Math 类中的一些方法。步骤如下：

在文本编辑器中新建一个 Java 类，类名为 MathDemo。

```
//程序 MathDem.java
//程序员：yinfei_zhu
```

```
//第 1 步：定义类 MathDem
public class MathDem
{
//第 2 步：写出主方法 main()，程序入口
    public static void main(String args[])
    {
        double val = 15.3;
        System.out.println("val 的值为："+ val);
        System.out.println("val 的绝对值为："+Math.abs(val));
        System.out.println("-val 的绝对值为："+Math.abs(-val));
        System.out.println("val 的平方根为："+Math.sqrt(val));
        System.out.println("val 四舍五入后的值为："+Math.round(val));
    }
}
```

//第 3 步：保存该文件为 MathDemo.java 并编译，直到没有错误为止。
//第 4 步：编译该程序，并运行该程序，输出结果如图：

```
val 的值为：15.3
val 的绝对值为：15.3
-val 的绝对值为：15.3
val 的平方根为：3.9115214431215892
val 四舍五入后的值为：15
```

//第 5 步：在该程序中再输入一些语句来验证 Math 类中的其他一些方法。保存、编译并运行该程序。

解读：

本程序用到了 Math 类中的 3 个方法：Math.abs( )、Math.sqrt( )和 Math.round( )。

3. 除 Java.lang 包外，都需要写出导入语句，才能使用这些包提供的方法等

有时，程序员需要用到的 Java.lang 包之外的系统包提供的类和方法，可以通过下面 3 种方法来解决：

1）通过指明类所在的路径来引用

比如 Java 中有个包 Java.util，这个包中包含了一些处理日期时间的类。在这个包中有个类叫 Date。通过指明类所在的路径来引用：

```
Java.until.Date myBirthday = new java.util.Date();
```

2）导入这个类

在程序第一行写入：

```
import java.util.Date; //该行明确指出将 Date 类导入
```

然后，在程序中就可以直接写出创建一个 Date 对象的语句

Date myBirthday = new Date()；

3）导入要使用类的包

在程序第一行写入：

import java. util. *；//该行指出将包 java. util 中包含的所有类导入

然后，在程序中就可以直接写出创建一个 Date 对象的语句

Date myBirthday = new Date()；

提示：当用到 import 语句时，它不代表将该包中所有的类都移到程序中，它只表明程序中可能要用到这个包中的相关方法的常量和方法！

Date 类包含了一些有用的方法，比如 setMonth()、getMonth()、setDay()、getDay()、setYear()、getYear()。下面给出一个例子来加以说明：

读一读 7-9

```
1: import java. util. * ;
2: public class DateDemo{
3:       public static void main(String args[])
4:       {
5:             Date toDay=new Date();
6:             Date birthDay=new Date(80,1,25);
7:             System. out. println(toDay);
8:             System. out. println("当前的年份是："+toDay. getYear());
9:             System. out. println("当前的月份是："+toDay. getMonth());
10:            System. out. println("当前的日期是："+toDay. getDate());
11:            System. out. println("出生的年份是："+birthDay. getYear());
12:            System. out. println("出生的月份是："+birthDay. getMonth());
13:            System. out. println("出生的日期是："+birthDay. getDate());
14:      }
15: }
```

输出结果如下所示：

on May 08 07：50：26 CST 2006

当前的年份是：106

当前的月份是：4

当前的日期是：8

出生的年份是：80

出生的月份是：1

出生的日期是：25

解读：

1）因为这个程序中用到的 Date 类是 Java. util 包中的一个类，而 Java. util 包是不会自动导入到程序，所以需要通过 import 语句来导入到程序。

2) 在 Java 程序中，通过 getYear()方法来显示当前系统的年份的值通常要比实际少 1900，这是没有任何理由的规定。比如如果显示的是 94，那就意味着是 1990，106 就意味着是 2006。
3) 月份是用 0 到 11 来显示 12 个月的。

运行以上程序会得出这个结果。

读一读　7－10

下面写一个程序，在这个程序中要用到 Date 类中的关于时间的方法。步骤如下：

```
//如何用到 Date 类中的关于时间的方法
//在文本编辑器中新建一个 Java 类，类名为 DateTimeDemo。
//程序 DateTimeDemo.java
//程序员：yinfei_zhu
//第 1 步：在文本编辑器中新建一个 Java 类，类名为 DateTimeDemo。
//第 2 步：在程序的第一行我们将 java.util 包中所有的类导入：
//第 3 步：main 主方法：
import java.util.*;
public class DateTimeDemo
{
    public static void main(String args[])
    {
    Date startTime = new Date();
    Date classStart = new Date(106,4,8);
    System.out.println("当前的日期是：" +startTime);
    System.out.println("类运行时间是：" +classStart);
//第 4 步：下面我们来使用 Date 类中的另一个方法 getTime()。
    Date endTime = newDate();
    System.out.println("已用的时间为："+ (endTime.getTime()－startTime.getTime())+
"毫秒");

    }
}

//第 5 步：保存该文件为 DateTimeDemo.java、编译并运行该程序。
//第 6 步：编译该程序，并运行该程序，输出结果如图：
```

```
当前的日期是：Thu Jun 22 12：03：58 CST 2006
类运行时间是：Thu Jun 22 12：03：58 CST 2006
已用的时间为：1150949038390 毫秒
```

解读：

当编译程序时如果得到下面的提示：DateTimeDemo.java uses or overrides a deprecated API.

Note：Recompile with-deprecation for details. 表示编译该程序成功，只是在程序中用到了比当前所使用的 Java 版本更后的版本。

本章小结

本章首先介绍了方法重载的概念，又谈到了内部类的概念，以及怎么使用系统定义类。

本章实训

类与对象训练，参见"实训部分，实训 7 Part 1"；API 帮助训练，参见"实训部分，实训 10"。

本章习题

1. 创建一个具有 radius(半径)、area(面积)和 diameter(周长)等属性的类 Circle。添加一个把 radius 设置为 2 的构造方法；添加 setRadius()、getRadius()、calDiameter()等方法来计算圆的直径；添加一个方法 calArea()来计算圆的面积。把程序保存为 Circle.java。

2. 创建一个具有 collarSize(领子尺寸)和 sleeveLength(袖长)两个字段的类 Shirt。添加一个接收这两个字段为参数的构造方法；添加一个字符串类型类型的类变量 material，并设置初始值为"cotton"。编写一个名叫 ShirtTest 的程序，在该程序中创建 3 个 Shirt 类型的对象。在创建这 3 个对象时所包含的领子尺寸和袖长都不同，然后显示各自的 collarSize、sleeveLength 和 material。

3. 编写一个程序，计算从今天到今年年底还有几天。

4. 编写一个程序，回答以下以个问题：

(1) 64 的平方根是多少？

(2) 55.8 四舍五入后的值为多少？

(3) 求出字符'*t*'和整数 68 中最大的和最小的值。

第 8 章　字符串

学习目标

- 掌握字符串的定义、创建
- 掌握字符串类中常用的方法

生活场景

当学习程序设计方法的王明同学碰到刘老师时说："老师，我现在可以写出一些能接受字符的交互式程序，但是我想让用户输入一些单词或者一些数字串到程序中，好像我编的程序不能接受这些单词或者数字串。""你应该去学习字符串类，"刘老师道，"字符串类提供了很多有效的处理单词或字符串的方法，同时它还让用户从键盘输入数字串。"

学习场景

也许你会问：把整数 10 存入到 int 类型的变量 i 中，只需用"int $i = 10$;"来表示就可以了，如果要把整个用双引号("")引出来的文字串存入某个变量中，也有一样简单的方法吗？实际应用程序中经常会用到这些字符序列，例如职员姓名、家庭地址、产品型号等等许多属性都适合用字符序列来描述，所以在 Java 中把这个字符序列称为字符串 String，学习用 Java API 提供的 String、StringBuffer 等与字符串有关的类，来解决与字符串有关的操作。

8.1　字符串 String 类

在前面几章中，已经用到了一些用双引号("　")引出来的文字串，这些文字串也可以说成字符序列。比如这样写：System. out. println("Hello World!")；可写类似的语句很多。

String 类存储一串非数值型的字符，在 Java API 中包含有 String 类。创建 String 有两种方式，使用或不使用 new 修饰符。

字符串是一串字符序列，可以包含字母、数字和其他符号。这里要引入两个概念，一个是字符串常量对象，另一个是字符串变量对象。

> 在 Java 中，把用双引号括起来的任意一个字符序列，称为字符串常量，如"Java Programming"；"　"也是一个字符串常量，它表示一个空串。
>
> String city = "Nanjing"; //声明一个字符串对象变量 city

字符串常量可以赋给任何 String 对象变量。Java 中的字符串常量始终都是以对象的形式出现，每个字符串常量就是一个 String 类的对象。

因为 Java 编译器能自动为每个字符串常量生成一个 String 类的实例，所以可以用字符串常量直接初始化一个 String 对象。所以以下两种语句是等价的：

```
String s1 = "Java Programming";
    等价于
String s1= new String ("Java Programming");
```

无论是字符串常量还是字符串变量，都是 String 类型的对象。因此不管是字符串常量，还是字符串变量都可以调用 String 类提供的方法。

字符串类 String 被定义在 Java. lang 包中，写每个程序时，String 类就自动被引入(import)到所写的程序，无须再在程序前写上 import java. lang. String 语句，可以直接引用 String 类提供的所有方法。

8.2 字符串类中的常见方法

这里主要学习 String 类提供的构造方法和对字符串的基本操作。

1. String 类的构造方法

String ( ) 是一个不带参数的构造方法，它生成一个空串。

例：String str = new String( )；

String (String original) 带了一个字符串类型参数的构造方法。初始化一个字符串对象，该对象实际是字符串 original 的副本。

例：String str = new String("abc")；

2. String 类提供的对字符串基本操作的方法

一个字符串就是一个对象。但是在 Java 语言中，字符串是个类，每个创建的字符串就是一个类对象。一个字符串变量名其实是个对象引用变量，它指向的是内存地址，而不是指向某个值。

1）了解字符串对象的内存情况

现在来看看定义字符串的情况。当定义一个字符串变量时，比如：

String str = "你好"；

str 变量实际上对应于内存中的某一存储单元，该单元存储的内容并不是"你好"对象本身，而是"你好"对象所在内存块的首地址。假如给 str 重新赋值：

str = "Basic"；

那么 str 变量里存储的地址就不是原来的"你好"对象所在内存块的首地址内存地址，而是"Basic"对象所在内存块的首地址，其实"Basic"是一个完全新的对象，它有它自己的堆内存空间。同时“你好”这个字符串对象还在堆内存原来的区域中，只是 str 变量不再指向“你好”所在的堆内存区域了。最后，由 Java 系统的垃圾回收器来自动清除字符对象“你好”所占有的内存空间。

用下图来表示这个过程：

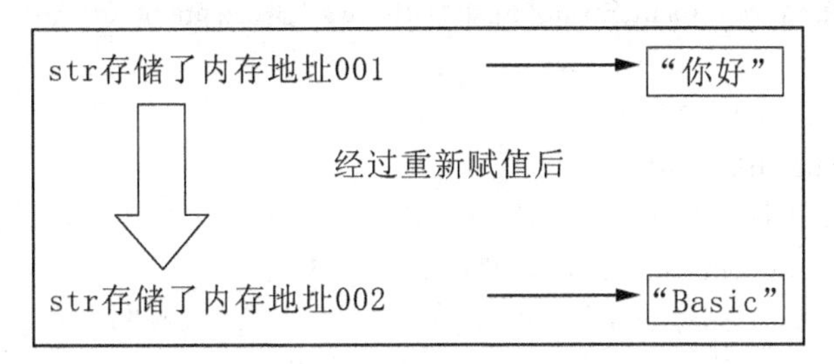

小结：字符串从来不会被改变，相反，只是新的字符串被创建，而字符串变量只是指向新的字符串的地址。所以，**字符串和其他的对象本身是永远不可改变的**。

2）比较两个字符串

读一读　8－1

以下两个变量相等吗？可以用下述表达式来比较这两个变量吗？

```
String str1= "Java";
String str2= "Java";
if ( str1 = = str2)
......
```

解读：

这个比较结果肯定是 false，因为只是比较了 str1 和 str2 两个变量的内存地址，而不是比较他们内存地址所拥有的值，这显然是不相等的。

那么是不是就没办法来比较这两个字符串对象呢？幸运的是 String 类提供了很多有用的方法。

① equals()方法

该方法的格式如下：

```
public boolean equals(Object anObject)
```

说明：这里带的一个参数可以是字符串类型的对象，也可以是一个用双引号（“　”）引出来的字符串。

该方法用来比较两个字符串对象所含的内容是否相等。如果两个字符串对象的内容相同，则调用该方法后返回 true，反之则返回 false。

读一读 8-2

比较 2 个字符串

```
1: public class StringEquals
2: {
3:     public static void main(String args[]) throws IOException
4:     {
5:         String str1= "Java";
6:         String str2= "Java";
7:         if(str1.equals(str2))
8:             System.out.println("They are equal");
9:         if(str2.equals(str1))
10:            System.out.println("They are equal");
11:        if(str2.equals("Java"))
12:            System.out.println("They are equal");
13:    }
14: }
```

输出结果如下所示：

```
They are equal.
They are equal.
They are equal
```

提示：

该程序通过对字符串中的 equals 方法的 3 次调用，讲解了如何使用 equals 方法进行字符串比较！

② equalsIgnoreCase()方法

该方法的格式如下：

```
public boolean equalsIgnoreCase(String anotherString)
```

该方法用来判断两个字符串是否相同，但忽略大小写的区别。

读一读 8-3

String str 1="Java";

String str 2="JAVA";

那么：

str1. equalsIgnoreCase(str2)的值为 true.

在程序中，当要求用户从键盘输入数据时，该方法非常有用。该方法允许测试用户输入的数据而无须考虑字母的大小写。

上面两个方法调用后都提示两个字符串是否相等，返回的结果只有 true 或者 false。接下来要介绍的方法除了能告诉两个字符串是否相等外，还能提供一些额外的信息。该方法就是 compareTo()方法。

③ compareTo()方法

String 类提供了 3 种类型的 compareTo()方法，只是所带的参数有所不同，这些方法的格式如下：

```
public int compareTo(Object o)
public int compareTo(String anotherString)
public int compareToIgnoreCase(String str)
```

调用这 3 种方法来比较两个字符串时，假如这两个字符串都拥有相同值时则返回 0；如果比较的字符串"**小于**"参数所带的字符串，则返回一个负数；如果比较的字符串"**大于**"参数所带的字符串，则返回一个正数；比较字符串间的"**大于**"和"**小于**"是基于它们之间的 Unicode 值，因此"a"小于"b"，"b"小于"c"。

读一读 8 - 4

compareTo ()方法的用法

假设有如下语句：

String str1 = "Java";

String str2 = "Jasb";

str1. compareTo(str2)；

说明：

表达式 str1. compareTo(str2)的值为 3。它指明了"Java""大于""Jasb"。它的意思不是说 str1 字符个数比 str2 字符个数多，它的意思是 str1 从字母编码上大于 str2。

其实调用这个方法，它的比较过程是对两个字符串相同位置上的字母进行比较，直到比较到不一致为止，然后比较这两个不相同的字符的值，得出最后结果。

下面给出这个比较的具体过程：

第一步：将"Java"中的 J 和"Jasb"中的 J 进行比较，结果相同。

第二步：将"Java"中的 a 和"Jasb"中的 a 进行比较，结果相同。

第三步：将"Java"中的 v 和"Jasb"中的 s 进行比较，发现不相同。'v'的数值减去's'的数值后结果为 3。(因为's'后的第 3 个字母为'v'。所以 compareTo()方法返回 3。

在实际生活中，可能不是非常关注 compareTo()返回的值的多少，很多情况可能只关心返回的是正数还是负数。比如可以用下面的语句来比较两个字符串的大小：

```
if(str1.compareTo(str2)<0)
    …
```

compareToIgnoreCase()方法的意思和 compareTo()方法类似，只是忽略了字符串中字母的大小写。

3) 其他字符串操作方法

① length()方法

该方法的格式如下：

```
public int length()
```

调用该方法可返回字符串的长度，也就是字符串中字符的个数。

```
例：String s="Java";
则：s.length()=4
```

② charAt()方法

该方法的格式如下：

```
public char charAt(int index)
```

调用该方法是返回字符串中索引号 index 上的字符。

其中 index 的范围为 0 到 length()－1。

```
例：String s="Hello";
则：s.charAt(1)='e'
```

③ endsWith()方法

该方法的定义格式如下：

```
public Boolean endsWith(String suffix)
```

调用该方法的作用是，假如字符串是以 suffix 字符串结尾则返回 true，否则返回 false。

```
例：String s="computer";
则：s.endsWith("ter")的值为 true.
    s.endsWith("tsp")的值为 flase.
```

④ StartsWith()方法

该方法的定义格式如下：

```
public boolean startsWith(String prefix)
```

该方法与上面提到的 endsWith()类似，这里就不详述了。

```
public boolean startsWith(String prefix, int toffset)
```

该方法与 startsWith(String prefix)方法的主要区别是：

startsWith(String prefix)是从字符串的第 0 个索引号开始寻找，而 startsWith(String prefix, int toffset)是从 toffset 索引号开始往后找。

这里请读者自行编程论证，看看结果是不是所要的。

⑤ indexOf()方法

该方法的定义格式如下：

```
public int indexOf(char ch)
```

调用该方法返回字符 ch 在字符串中第一次出现的索引号。假如在字符串中不存在字符 ch,则返回－1。

```
例：String s="Java Programming";
则：s.indexOf('a')的值为 1；
    s.indexOf('y')的值为－1。
```

```
public int indexOf(char ch, int fromIndex)
```

调用该方法后返回在字符串中从第 fromIndex 位置开始往后第一次出现 ch 的索引号。如果不存在这样的字符,则返回－1。

```
例：String s="Java Programming";
则：s.indexOf('a',2)的值为 3；
    s.indexOf('a',12)的值为－1。
```

```
public int indexOf(String str)
public int indexOf(String str, int fromIndex)
```

这两个方法将要查找的字符 char 改为要查找的字符串 str。这里就不详谈了,请读者编程论证。

其实 String 类还提供了和 indexOf()类似的方法,lastIndexOf()同样也提供了 4 中 lastIndexOf 方法,所带的参数和 indexOf 都一样,主要区别是 indexOf()方法是找出参数在字符串中第一次出现的索引号,而 lastIndexOf 是找出参数在字符串中最后一次出现的索引号。

⑥ copyValueOf()方法

String 类提供了 2 个类似方法：

第一个方法的格式如下：

```
public static String copyValueOf(char data[])
```

调用该方法可返回一个字符串,该字符串表示了参数中字符数组的字符序列。

```
char ch[]={'a','b','c'};
String str=String.copyValueOf(ch);//利用 String 系统类名来调用该方法。
System.out.println(str);//打印结果为"abc"
```

第二个方法的格式如下：

```
public static String copyValueOf(char data[], int offset, int count)
```

调用该方法返回一个字符串,该字符串的字符序列是从字符数组的第 offset 个索引号上的元素开始,一共拷贝 count 个元素。

```
char ch[]={'a','b','c'};
String str 1=String.copyValueOf(ch,1,2);
System.out.println(str1);//打印结果为"bc"
```

⑦ getChars()方法

该方法的格式如下：

```
public void getChars(int srcBegin, int srcEnd, char dst[], int dstBegin)
```

该方法是将字符串中连续的字符序列存放到字符数组中。

其中：

srcBegin：要提取的第一个字符在源串中的位置

srcEnd：要提取的最后一个字符在源串中的位置为 srcEnd 前一个索引号

dst[]：存放目的字符串的数组

dstBegin：提取的字符串在目的串中的起始位置

```
char ch[]=new char[7];
String str= "Java Programming";
str.getChars(2,9,ch,0);
for(int i=0;i<ch.length;i++);
System.out.print(ch[i]+"\t")
```

输出结果：

```
v	a	P	r	o	g
```

⑧ concat()方法

该方法的格式如下：

```
public String concat(String str)
```

该方法将参数字符串追加到调用该方法的字符串后,产生一个新的字符串,同时原字符串和参数字符串不变。

```
String s="Java";
String s1="Programming";
System.out.print(s.concat(s1)); //输出结果为:"JavaProgramming"
注意：s 和 s1 的值不变。"JavaProgramming"是一个新的字符串。
```

⑨ replace()方法

Java 提供了 3 种类型的 replace()相似方法。格式分别如下：

```
public String replace(char oldChar, char newChar)
```

将字符串中字符为 oldChar 的全部替换为 newChar 并生成一个新的字符串。

```
String s = "Java";
String s1 = s.replace("a","b");
System.out.println(s1); // 打印结果:"Jbvb"
```

```
public String replaceAll(String regex, String replacement)
```

将原串中的所有子串 regex 用新的字符串 replacement 来替换，并将结果保存到新的字符串中。

```
String s="Java";
String s1=s.replaceAll("a","bc");
System.out.print(s1); // 打印结果:"Jbcvbc"
```

```
public String replaceFirst(String regex, String replacement)
```

将原串中的出现的第一个子串 regex 用新的字符串 replacement 来替换，并将结果保存到新的字符串中。

```
String s="Java";
String s1=s.replaceFirst("a","bc");
System.out.print(s1); // 打印结果:"Jbcva"
```

⑩ substring()方法

String 类提供了两个方法来取得字符串中的子串。分别如下：

```
public String substring(int beginIndex)
public String substring(int beginIndex, int endIndex)
```

这两个方法都是用来取得字符串中指定范围内的子串。

其中：

beginIndex 是要取得的子串在源串中的第一字符的位置。

endIndex 是子串在源串中的最后一个位置(不包含 endIndex 位置上的字符)。

说明：第一个方法是截取从源串中 beginIndex 位置开始到源串结束的整个子串。第二个方法是截取从源串中 beginIndex 位置开始一直到 endIndex 位置上的子串(不含 endIndex 位置上的字符)。

```
String s="Welcome to China!";
String s1=s.substring(3);
System.out.println(s1); // 打印 结果:"come to China!";
String s2=s.substring(3,12);
System.out.println(s2); // 打印 结果:"come to C";
```

⑪ toLowerCase()方法

该方法的格式如下:

```
public String toLowerCase()
```

该方法用来将字符串中的字母全部转换为小写字母,并将新字符串返回。

⑫ toUpperCase()方法

该方法的格式如下:

```
public String toUpperCase()
```

该方法用来将字符串中的字母全部转换为大写字母,并将新字符串返回。

```
String s="Welcome to China!";
String s1=s.toLowerCase();// 打印 结果:"welcome to china!";
System.out.println(s1);
String s2=s.toUpperCase();// 打印 结果:"WELCOME TO CHINA!";
System.out.println(s2);
```

⑬ trim() 方法

该方法的格式如下:

```
public String trim()
```

该方法将字符串中首尾的空格删除并作为新的字符串返回。

```
String s = "Hello";
String s1 = s.trim();
System.out.println(s1); //打印 结果:"Hello";
```

8.3 字符串与数字、其他对象间的转换

String 类定义了一些 valueOf()方法,用来将字符、字符数组、int、long、float、double 等类型的数据转换为字符串。这些方法都是静态方法(static),所以无须创建对象就可以调用

这些方法。

```
public static String valueOf(boolean b)
public static String valueOf(char c)
public static String valueOf(int i)
public static String valueOf(long l)
public static String valueOf(float f)
public static String valueOf(double d)
```

以上方法都是将参数转化为字符串的形式返回。

```
如：
int number = 34;
String str = String.valueOf(number); //str="34";
```

以下代码同样可以得到上述结果：

```
Int number = 34;
String str = new Integer(number).toString(); // str="34";
```

以下两种方法请参考我们前面讲到的 copyValueOf()方法。用法相似。

```
public static String valueOf(char data[], int offset, int count)
public static String valueOf(char data[])
```

通过上述两种方法的调用可以将字符串转换为 int、float、double、float 类型的。下面举一个字符串转换为整型的例子，其他的请读者查看 Java API 文档。

```
String str = new String ("104");
Integer i = Integer.valueOf(str);
int j = i.intValue(); // j = 104
```

在 String 类中还提供了 toString()方法，格式如下：

```
public String toString()
```

作用是返回字符串本身。

本章小结

本章主要介绍了字符串这个概念，字符串 String 是 Java 提供的一个系统类。重点讲解了 String 类字符串的定义及其基本操作，通过一些实例讲解了 String 类提供的一些常用方法。

本章实训

字符串训练，参见“实训部分，实训 8 Part 2”。

本章习题

1. 编程从键盘读入一个字符串，然后分别统计在该字符串中包含字母‘a’和空格的个数。

2. 编程从键盘输入一字符串，检查输入的字符串是否为“回文”。所谓“回文”是指当一个字符串按正序和逆序读时都一样，如“abcba”就是一个回文，“123421”就不是回文。

第9章 数　　组

学习目标

- 掌握、熟悉、了解数组的定义
- 掌握、熟悉、了解初始化数组
- 掌握、熟悉、了解数组下标的使用
- 掌握、熟悉、了解声明一个对象数组
- 掌握、熟悉、了解特定数组元素的查找
- 掌握、熟悉、了解数组作为参数传递给方法
- 掌握、熟悉、了解数组长度的使用

生活场景

王明同学碰到刘老师时说："我已经学会了怎么创建对象，怎么使用分支和循环等结构来处理很多问题，但是好像要写很长的程序。比如我要检查某个变量的值是否符合 20 种可能性中的某一种情况时，必须要用到 20 个 if 语句或者一段很长的 switch 代码，我原以为使用计算机可以使问题简单化，其实正好相反。"刘老师笑笑说："如果你知道怎么用数组的话，问题就简单多了！"

9.1　数组简介

使用数组可以带来许多好处。

9.1.1　使用数组的原因

通过前面几章内容的学习，已经掌握了怎么将数值存储到变量中。首先学习了定义一个变量并将某个值赋给该变量，并且使用这个值。如下所示：

```
int j; //定义整型变量 j;
j=3; //给 j 赋值为 3;
System.out.println("j="+j); // 打印变量 j 的值;
```

后来学习了循环，学会了先定义一个变量，然后给该变量赋一个值，并使用这个值，然后通过循环怎样将不同的值赋给同一变量。但当给这个变量赋新值后，该变量原先的那个值将不再存在。如下所示：

```
int j = 58;
for (int i =0; i < 20; i ++)
{
  j = i; // 将当前 i 的值赋给 j;
  System.out.println ("j="+j); // 打印当前 j 的值;
}
```

以上代码段执行过程中 i 及 j 的值的变化如下：

循环次数	i 的值	j 的值
执行循环前	不存在	58
执行完第 1 次循环体后	0	0
执行完第 2 次循环体后	1	1
……	……	……
执行完第 20 次循环体后	19	19
执行完整个 for 循环体后	不存在	19

由此可见，在内存中一个变量只能存储一个值，但这些远远不能满足需要。

读一读　9-1

存储多个学生成绩的案例

分析：老师想要知道每个修"程序设计方法"这门课的学生的成绩是否高于或低于平均成绩。当输入第一个学生的成绩到程序中，程序是不会告诉刚才输入的成绩是高于或低于平均成绩的，因为不知道全班的平均成绩（假设有 10 个同学），除非程序中存有全班所有同学的成绩。但到现在为止，除了定义 10 个变量并赋值外，没有其他办法。假如将全班所有同学的分数赋值给同一个变量，那么将第二个学生的成绩赋给同一变量时，该变量中存有第一个同学成绩的值将被第二个学生的成绩所替代，第一个学生的成绩将不复存在。

可能解决的方案：可能会想到创建 10 个整型变量（假设成绩全部是整型），然后将 10 个同学成绩全部放到这 10 个变量中，计算出平均成绩；再将这 10 个同学的成绩与这个平均成绩逐一比较。

该方法的缺陷：

其一，如果将 10 个成绩赋值给 10 个不同名的变量时，需要写 10 条语句。

其二，当计算总成绩时所写的语句可能会写到：

```
total=score1+score2+…+score10;
```

该语句看起来似乎有点笨拙。

总结：该方法似乎对10个学生来讲可以运用，但试想一下，如果要计算100个学生的平均成绩呢？
最佳的解决方案：创建数组，利用数组来解决问题。

9.1.2 数组定义

数组定义 数组是存储相同类型数据的一种数据结构，相同数据类型包括前面学到的简单数据类型以及复合数据类型。数组中可以放多少个数据元素是由用户决定的，但是一旦给数组分配了长度，这个数组的长度就一定了。

这好比建筑师在造房前设计的图纸一样，一旦决定该大楼有多少个房间后，等房子建成后就只能有多少个房间，不能再增加或减少。如果要修改房间数，只能将整栋大楼推倒，再重新设计。在这里数组好像大楼，房间数就是数组的长度，也就是可以存储数据的数量。那么怎么样来找数组中的每个数据(元素)呢？这不难，在数组中引入了一个概念就是下标，下标就好像大楼中的房间号。如果你要找A楼的402房间，知道楼的名称和房间号就行了。对数组也一样，知道数组名和下标就能找到要找的数组元素了。

数组分类 从数组的构造形式上分，可以把数组分为一维数组和多维数组。

数组的生命周期 数组经过定义、初始化、应用、释放4个阶段。

补充说明 基于Java中虚拟机JVM的自动内存管理机制，Java语言应用程序中对数组对象应用完成后，程序设计人员可以不考虑对已申请数组的释放，JVM自动内存和管理线程会自动清理无用的数据对象。

如果将宾馆所有房间不分幢和楼层地顺序编号，那么就是一维的；如果不分幢，按楼层分别编号则是二维的；如果按幢、再按层分别编号则是三维的。

9.2 一维数组的定义、初始化与应用

只有在对数组进行初始化并申请内存资源后，才能对数组中的元素进行访问和使用。下面根据数组的分类，从数组定义、初始化和应用3个方面分别对一维数组来加以详细介绍。

9.2.1 一维数组的定义

一般形式：

```
dataType arrayName []; 或 dataType [] arrayName;
```

说明：

dataType 在数组中要存放数据的类型。这种类型可以包括很多，用得比较多的是简单数据类型，如int, long, short, double, float, char, boolean。还可以包含一些复合数据

类型，如系统定义的类的类型(如 string、date)，或者是自定义的类的类型，或者是定义的一些数组类型(这个在讲到多维数组时再详细介绍)。

arrayName 数组名。也就是给要定义的数组取个名字，取名时要遵守 Java 合法标识符定义的规则。

读一读 9-2 一维数组定义的学习。 **举例 1** 对于学生成绩的例子，假设学生的成绩类型都为 int 型，可以这样定义： int scoreArray [];或者 int [] scoreArray;
举例 2 假如要定义一个存放 float 类型数据的数组，可以这样定义： float fArray []; 或者 float [] fArray;
举例 3 假如以曾经自定义的 Account 类的类型来作为数组类型，那么定义存放这些账户对象的数组可以用下面的方法： Account accountArray []; 或者 Account [] accountArray;

注意，这些语句只是对数组作了一个声明，还没有为这些数组分配内存空间，因此还不能访问数组中的元素。

9.2.2 初始化一维数组

数组的初始化就是给数组元素赋初始值。有两种方法：

1. 静态初始化

该方法主要是在数组定义的同时直接为数组元素申请内存空间，并对数组元素赋初值。一般格式为：

```
dataType arrayName [] = {arrayElement1 [,arrayElement2]…[,arrayElementN]}
```

说明：在一对花括号中的 arrayElement1，arrayElement2，一直到 arrayElementN，是具有相同 dataType 类型的数据类型的数组元素值。具体要写多少个 arrayElement 要视具体情况而定。只要在那对花括号里写了 N 个 arrayElement，那也就给出了该数组的长度是 N，只能放所定义的 N 个元素了，在以后的程序中不能再对该数组的长度重新设置。

读一读 9-3 一维数组静态初始化举例：初始化一个 scroeArray 的数组，该数组用来存放 10 个学生的成绩。
解决方案：可以用下面的方式来初始化： int scoreArray [] = {80,65,98,79,35,87,95,90,100,67};
说明：该代码定义 scoreArray 数组后，直接为该数组元素赋初值。最终，scroeArry 数组由 10 个元素组成，也就是该数组的长度为 10，其内容分别为 80,65,98,79,35,87,95,90,100,67 这 10 个整数。

练一练 9-1

现在有如下一个数组：

String city [] = {"Beijing","Shanghai","Nanjing","Guangzhou","Shenyang"};

定义了两个字符串：

String str1 = "Nanjing";

String str2 = "Qingdao";

请读者编程来给出这两个字符串 str1 和 str2 是否存在于数组中的结论。

解答：

2. 动态初始化

动态初始化方法的主要特点是在对数组初始化时，只指明数组长度而不对数组元素赋初值，要根据需要对数组元素赋值。一旦指明数组长度后，在该数组中存放元素的个数就一定了，以后对数组元素进行赋值时，不能超过范围。

一般格式为：

```
dataType arrayName [];//定义数组
arrayName = new dataType [ arraySize]; //初始化数组
```

以上两句代码我们可以合并成一句语句来完成，形式如下：

```
dataType arrayName [] = new dataType [ arraySize];
```

使用哪种形式来写完全取决于编程习惯，没有限制。

说明：arraySize 为数组的长度。

读一读 9-4

一维数组动态初始化举例：假如先定义数组长度为 10，以后再对数组元素赋值，那么怎么定义这个数组呢？

解决方案：

```
int scoreArray [] ;
scoreArray = new int [10];
```

或者表示为：

```
int scoreArray [] = new int [10];
```

总结：一维数组静态初始化与动态初始化的适用范围是：

静态初始化：适用于数组元素不多，可以对数组元素"枚举"的情况下，该方法不需要指明数组的长度，编译器将按枚举元素的个数自动为数组分配内存资源。

动态初始化：适用于数组元素比较多，数组元素的初始值可以在对数组初始化后视需要而定，在初始化时只需指明数组的长度。

那么在对数组进行动态初始化后，还没对它们进行赋初值前，这个数组中每个元素的值到底是什么呢？看了下面这张表格就会明白。

表 9-1 数组元素默认的值表(参见表 3-1)

数 据 类 型	数组元素默认的值
int	0
short	0
long	0
float	0.0
double	0.0
char	‘’
boolean	false
String	null
自定义的一些类的类型	null

9.2.3 一维数组的应用

在数组中，通过下标来访问数组中的某个元素，下标实际上相当于楼里的房间号，通过房间号就可以找到楼里具体的房间了。数组元素的下标范围为 0～数组长度－1。

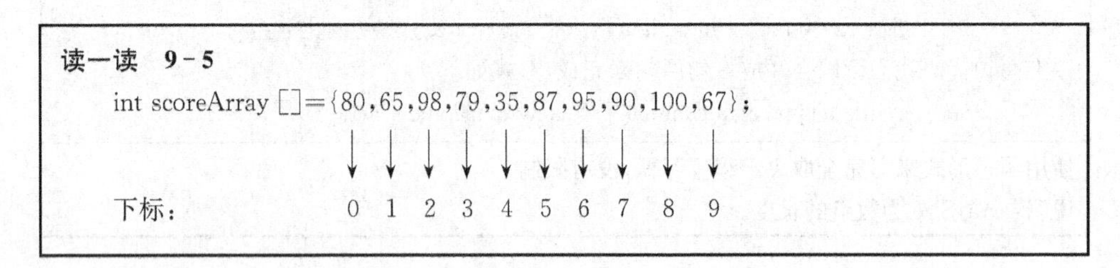

读一读 9-5

```
int scoreArray []={80,65,98,79,35,87,95,90,100,67};
```

下标： 0 1 2 3 4 5 6 7 8 9

假如要访问“65”这个数，可以这样表示：scoreArray[1]；

要访问“67”这个数，可以写成：scoreArray[9]；

补充：在 Java 语言中，用 arrayName.length 来表示数组的长度。其中 arrayName 就是定义并初始化的一个数组名。在上例中，scoreArray.length=10；

读一读 9-6

问题：假设这次要统计全班 30 个同学的“程序设计方法”成绩，求出全班的平均成绩，并计算全班有多少同学高于这个平均成绩。

解决问题前的建议：在写具体代码前，先用自然语言来描述一下该问题的算法，然后通过流程图来描绘一下编程思路，也可以画出 N-S 图。

解决思路：可以将该问题分解为 3 个子问题：

子问题 1. 要创建一个数组，并将全班同学的成绩输入该数组

子问题 2. 计算全班的平均成绩

子问题 3. 统计全班超过平均成绩的人数

在实际编程时,可以将子问题 1 和 2 同时进行。

可供参考的算法

步骤 1　创建一个整型数组 scoreArray,数组长度为全班人数 30。

步骤 2　定义一个整型变量 sum 用来存放全班的总分,并赋初值为 0;定义一个整型变量 count 用来存放全班高于平均分的学生数,并赋初值为 0。

步骤 3　定义整型变量 i,并初始化为 0。

步骤 4　如果 i 的值为 30,则跳至步骤 6。否则从键盘输入一个学生的成绩并保存到数组 scoreArray 中。

步骤 5　将步骤 4 中输入的成绩加到累加器 sum 中。i 的值增 1。并转至步骤 4。

步骤 6　重新置 i 为 0。

步骤 7　如果 i 的值为 30,则跳至步骤 9;否则将 scoreArray 中第 i 个位置上的值与 sum/30 的平均值相比较,如果大于该平均值则将 count 的值增 1。

步骤 8　i 的值增 1,并转至步骤 7。

步骤 9　将 count 中的值打印输出,程序结束。

图 9-6　利用数组来计算 30 个学生平均成绩算法图

下面给出该例子的流程图:

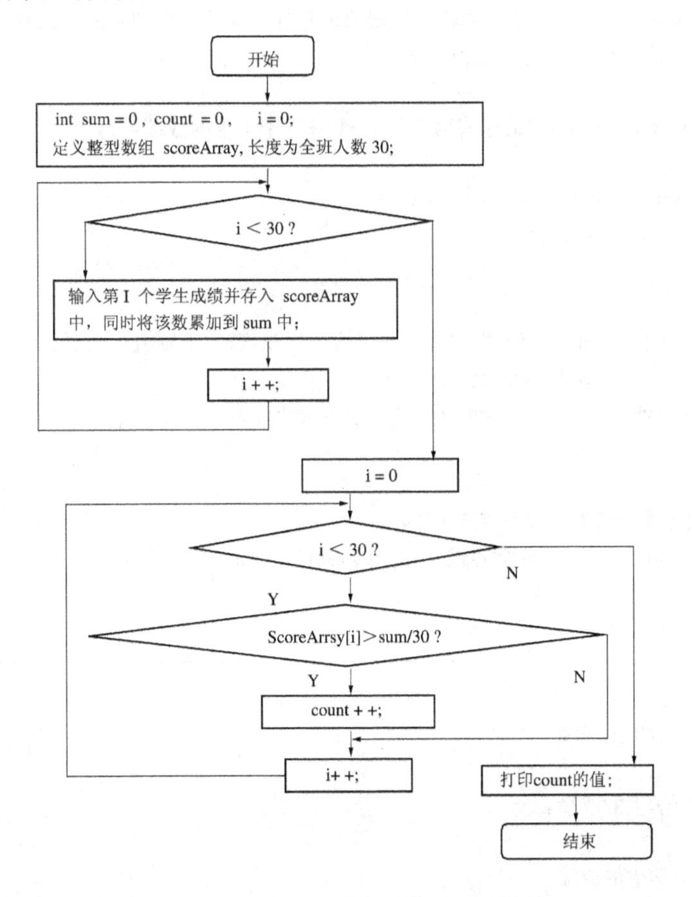

图 9-7　计算 30 个学生平均成绩流程图

该程序代码如下：

读一读　9-7

```
// AverageScore.java
// 程序员:Yinfei
import java.io.*;
public class AverageScore
{
  public static void main(String args[]) throws IOException
  {
    //创建并初始化数组
    int scoreArray[]=new int[30],sum=0,count=0;
    String s;

    //创建字符输入流对象
    BufferedReader in = new BufferedReader(new InputStreamReader(System.in));

    //定义计数器 i;
    int i ;

    //完成所有学生成绩的输入并将这些成绩的累计和存放到整型变量 sum 中
    for ( i=0;i<scoreArray.length;i++)
    {
      System.out.println("请输入第 "+(i+1)+" 个学生的成绩:");
      s=in.readLine();
      scoreArray[i]=Integer.parseInt(s);
      sum+=scoreArray[i];
    }

     //将数组中存放的每个学生的成绩与平均值比较,若大于则将计数器 count 加 1
     for( i=0;i<scoreArray.length;i++)
          if(scoreArray[i]>(sum/scoreArray.length))
               count++;

     //将高于平均成绩的学生数打印输出
     System.out.println("成绩超过平均分的共有"+count+"个!");
  }
}
```

程序输出结果：
请输入第 1 个学生的成绩：
23(回车)
请输入第 2 个学生的成绩：
67(回车)
请输入第 3 个学生的成绩：

```
89(回车)
请输入第 4 个学生的成绩：
68(回车)
请输入第 5 个学生的成绩：
98(回车)
请输入第 6 个学生的成绩：
77(回车)
请输入第 7 个学生的成绩：
45(回车)
请输入第 8 个学生的成绩：
13(回车)
请输入第 9 个学生的成绩：
88(回车)
请输入第 10 个学生的成绩：
80(回车)
请输入第 11 个学生的成绩：
78(回车)
请输入第 12 个学生的成绩：
98(回车)
请输入第 13 个学生的成绩：
99(回车)
请输入第 14 个学生的成绩：
56(回车)
请输入第 15 个学生的成绩：
67(回车)
请输入第 16 个学生的成绩：
66(回车)
请输入第 17 个学生的成绩：
78(回车)
请输入第 18 个学生的成绩：
68(回车)
请输入第 19 个学生的成绩：
69(回车)
请输入第 20 个学生的成绩：
78(回车)
请输入第 21 个学生的成绩：
89(回车)
请输入第 22 个学生的成绩：
85(回车)
请输入第 23 个学生的成绩：
84(回车)
请输入第 24 个学生的成绩：
```

```
69(回车)
请输入第 25 个学生的成绩:
48(回车)
请输入第 26 个学生的成绩:
60(回车)
请输入第 27 个学生的成绩:
66(回车)
请输入第 28 个学生的成绩:
90(回车)
请输入第 29 个学生的成绩:
98(回车)
请输入第 30 个学生的成绩:
100(回车)
成绩超过平均分的共有 16 个!
```

图 9-8 AverageScore.java 程序

练一练 9-2

1. 请画出图 9-8 AverageScore.java 程序的 N-S 图。

2. 编写程序,从键盘上读入 10 个整数存入数组,输出最大值、最小值以及它们在数组中的位置。

至此对一维数组的定义、初始化和数组元素的访问方式已有所了解。要是一维数组的元素本来就是另一个一维数组类型,情况会是什么样呢?

前面就讲到数组的元素可以是复合数据类型,而数组本身也是一种复合数据类型。所以构成一维数组元素的数据类型可以是其他的一维数组,那么就构成了二维数组,照此类推很容易得到多维数组。

二维数组在实际生活中广泛被应用。多维数组的用法与二维数组相似。

矩阵就是一个二维数组的表现方式。下面以一个矩阵的表示方式来对一个由 m 行、n 列构成的二维数组 matrix 加以描述说明。

	第 1 列	第 2 列	……	第 n 列
第 1 行	matrix[0][0]	matrix[0][1]	…	matrix[0][$n-1$]
第 2 行	matrix[1][0]	matrix[1][1]	…	matrix[1][$n-1$]
…	…	…	…	…
第 m 行	matrix[$m-1$][0]	matrix[$m-1$][1]	…	matrix[$m-1$][$n-1$]

图 9-9 二维数组的矩阵表示

该二维数组实际上是一个 m 行、n 列的矩阵表示形式,在学完二维数组后就可以描述该矩阵了。

9.3 二维数组的定义、初始化与应用

从数组定义、初始化和应用3个方面分别对二维和多维数组来加以详细介绍。

9.3.1 二维数组的定义

二维数组定义一般格式：

```
dataType arrayName [][];
              或
dataType [] [] arrayName;
              或
dataType [] arrayName [];
```

说明：**dataType**为存放在二维数组中数据的类型，该类型可以是Java中的基本数据类型或者复合数据类型。**ArrayName**为该二维数组名，两个方括号中，前一个“[]”表示“行”，后一个表示“列”。

二维数组定义的实例如下：

```
int iArray[][]; // 定义一个存放整型数据的二维数组
char [] cArray[]; // 定义一个存放字符形数据的二维数组
double [] [] dArray; // 定义一个存放双精度浮点型数据的二维数组
```

提示：上述代码只是对数组的声明，还没有为这些数组元素分配空间，也就不能访问数组元素。

9.3.2 二维数组的初始化

二维数组的初始化，也分为静态初始化和动态初始化。

1. 静态初始化二维数组

一般形式如下：

```
dataType arrayName [] [] = {        { arrayElement00 [,arrayElement01...]},
                                    { arrayElement10 [,arrayElement11...]},
                                                ...
                          };
```

说明：dataType为二维数组中存放元素的类型，与一维数组的用法相同。

arrayName为二维数组名。

arrayElement00、arrayElement01、…为各数组元素。

提示：在等号后的花括号内又包含了成对的花括号，里面的每对花括号都是构成二维

数组的行，这与一维数组有所区别。这里的这些花括号不能遗漏！

读一读 9-8

二维数组"静态初始化"定义

举例 1 int iArray[][] = { {1},{0,1}, {1,6,7} };

该代码定义了整型类型二维数组 iArray 后，利用静态初始化方式直接给数组元素赋值。该二维数组可以用以下图形表示：

1		
0	1	
1	6	7

举例 2 char [] cArray[] = { {'a','b','c'}, {'d','e','f'}, {'g','h','i'} };

该代码表示给字符型二维数组 cArray 进行静态初始化，可表示为：

'a'	'b'	'c'
'd'	'e'	'f'
'g'	'h'	'i'

举例 3 double [] [] dArray = { {1.3, 3.5},{56.7, 89.2} };

同理，该代码表示创建 double 类型的一个二维数组，并对该数组中的元素进行了静态初始化，可用以下图形进行表示：

1.3	3.5
56.7	89.2

提示：Java 语言不要求构成多维数组的各个维数均相同。实际上，上面这些二维数组的静态初始化过程是为数组元素内存空间申请的过程。它按照每行数组元素的个数申请内存空间，这样合理地占用内存资源，避免内存空间的浪费。

二维数组静态初始化方式适用于数组元素个数不多、并且可以对数组元素"枚举"的情况。

2. 动态初始化二维数组

"动态初始化"二维数组是指数组在初始化时只指明数组的长度，而不对数组元素赋初始值。"动态初始化"二维数组的一般形式如下：

```
dataType arrayName[][]; //定义二维数组
arrayName [] [] = new dataType[rowSize][columnSize]; //初始化二维数组
```

说明：rowSize 和 columnSize 为 X 和 Y 方向上的元素个数，也就是"行"数和"列"数。这两个数必须为整型变量、整型常量等，一旦给定了这两个数，也就相当于申请了内存空间。

读一读 9-9

"动态初始化"二维数组

举例1 int iArray[][]; // 定义整型类型的二维数组
iArray = new int [2][3]; //动态初始化一个2行3列的二维整型数组

举例2 char [] cArray[]; //定义字符型类型的二维数组
cArray = new char[3][3]; //动态初始化一个3行3列的二维字符型数组

举例3 double [] [] dArray; //定义双精度浮点型类型的二维双精度型数组
dArray = new double [2][2]; //动态初始化一个2行2列的二维数组

提示:二维数组动态初始化主要适用于数组元素个数比较多,并且数组元素的值视程序运行过程中需要而定。

动态初始化二维数组后,二维数组中的各元素的默认值按表9-1给定。

9.3.3 二维数组的应用

通过确定对行和列的下标来引用二维数组,每一维的下标的取值范围都在0到该维的长度减1之间。对于matrix矩阵中的二维数组元素matrix[$m-1$][$n-1$],这里$m-1$表示该元素在第$m-1$行,$n-1$表示该元素在第$n-1$列。比如在"读一读9-8"中,cArray[1][2]指向了数组元素'f'。

读一读 9-10

假设先建立一个3行4列的二维整型数组。该程序让用户从键盘键入一个整数,假如用户键入的数在该二维数组中存在的话,程序就告诉你该数在二维数组中的位置;假如不存在的话,程序会告之该数不存在。

方案:分解为3步走:

第一步:创建二维数组,并初始化该数组。假设该数组中的元素不重复。

第二步:让用户从键盘输入一个整数。

第三步:通过循环来求出用户输入的数在该数组中的位置。

```
// FindNumber.java
// 程序员:Yinfei
import java.io.*;
public class FindNumber
{
    public static void main(String args[]) throws IOException
    {
      BufferedReader in=new BufferedReader(new InputStreamReader(System.in));
      String inputLine;
      int test,flag=0;
```

```
// 创建并初始化二维数组
  int a[][]={{1,24,3,18},{4,51,67,2},{136,9,345,78}};

  //提示用户从键盘输入所要找的数
  System.out.println("请输入一个整数:");
  inputLine=in.readLine();
  test=Integer.parseInt(inputLine);

  //利用 for 循环将整个数组逐行遍历
  L1: for(int r=0;r<3;r++)
      {
          for(int c=0;c<4;c++)
          if(test==a[r][c])
      {
        System.out.println("你输入的数在数组的 "+r+" 行"+"第 "+c+"列!");
      flag=1;
      break L1;
      }
      }

//通过 flag 的值的变化来确定是否找到用户输入的数
  if(flag==0)
  System.out.println("你输入的数在该数组中不存在!");
}
}
```

用户输入的数不在该数组中时的输出结果为:
请输入一个整数:
45(回车)
你输入的数在该数组中不存在!

用户输入的数在该数组中时的输出结果为:
请输入一个整数:
67(回车)
你输入的数在数组的 1 行第 2 列!

练一练 9-3

1. 打印输出二维数组的转置数组。

假设现有二维数组 a 的元素如下表示:

13	2	4
7	34	1
5	24	56

8 21 43

那么a的转置数组如下所示：

13 7 5 8

2 34 24 21

4 1 56 43

请编程将以上二维数组a的转置数组存入b数组，并将b数组打印输出！

9.4 数组中的常见方法

java.util.Arrays类提供了一系列有关数组操作的方法，这里介绍部分方法，其他方法请查阅Java 2 SDK帮助文档。

9.4.1 binarySearch查找方法

该方法的格式如下：

```
public static int binarySearch(int [] a, int key)
```

说明：*a*为已排序好的数组，key为要查找的数据。如果在该数组中包含有数据key，则返回该数据在数组中的索引号，如果在该数组中不存在这样的数据，则返回一个负数。

读一读 9-11

```
// ArraySearch.java 程序
//:程序员:Yinfei
import java.util.*;
public class ArraySearch
{
  public static void main(String args[])
  {
    int a[]={1,3,5};
    int key=11;
    System.out.println(key+"在数组中的位置为:"+Arrays.binarySearch(a, key));
  }
}
```

输出结果为：

11在数组中的位置为：-4

如果将数组中key的值改为5，输出结果为：

5在数组中的位置为：2

9.4.2 equals 判断数组相等方法

判断数组相等方法的格式如下：

```
public static boolean equals(int a[],int b[])
```

说明：其中 *a* 和 *b* 都为要被比较的两个整型数组。如果两个数组含有相同数组元素个数，并且在相同位置上的元素值都相同，则调用方法返回值为 true，否则为 false。

读一读 9-12

```
// ArrayEquals.java
//:程序员:Yinfei
import java.util.*;
public class ArrayEquals
{
  public static void main(String args[])
  {
    int a[]={1,5,3};
    int b[]={1,5,3};
    if(Arrays.equals(a,b))
      System.out.println("两数组完全相等");
    else
      System.out.println("两数组不相等");
  }
}
```

输出结果如下：

两数组完全相等

如果将以上程序中 b 数组改为：int b[]={1,13,45}；输出结果为：

两数组不相等

9.4.3 fill 填充数组元素方法

该方法的格式如下：

```
public static void fill(int a[], int val)
```

说明：其中 a 为被填充的整型类数组，val 为填充的数据。该方法的作用是将 val 数据向数组 a 中的所有元素赋值。

读一读 9-13

```
// FillArray.java 程序
//:程序员:Yinfei
```

```
import java.util.*;
public class FillArray
{
  public static void main(String args[])
  {
    int a[]={1,5,3};
    int v=4;
    System.out.println("数组经过调用 fill 方法前为:");
    for(int i=0;i<a.length;i++)
      System.out.print(a[i]+"\t");
    Arrays.fill(a,v);
    System.out.println("\n 数组经过调用 fill 方法后为:");
    for(int i=0;i< a.length;i++)
      System.out.print(a[i]+"\t");
  }
}
```

输出结果如下:

```
数组经过调用 fill 方法前为:
1  5  3
数组经过调用 fill 方法后为:
4  4  4
```

9.4.4 sort 排序方法

该方法的格式如下:

```
public static void sort(int a[])
```

说明:其中数组 a 为要被排序的数组,该方法的作用是将数组 a 中的元素按数值升序排序。

读一读 9-14

```
// SortArray.java 程序
//:程序员:Yinfei
import java.util.*;
public class SortArray
{
  public static void main(String args[])
  {
    int a[]={1,5,3,34,21,67};
    System.out.println("数组经过调用 sort 方法前为:");
    for(int i=0;i<a.length;i++)
```

```
  System.out.print(a[i]+"\t");
Arrays.sort(a);
System.out.println("\n 数组经过调用 sort 方法后为:");
for(int i=0;i<a.length;i++)
    System.out.print(a[i]+"\t");
  }
}
```

输出结果如下:

数组经过调用 fill 方法前为:

1 5 3 34 21 67

数组经过调用方法后为:

1 3 5 21 34 67

练一练 9-3

编写一个程序,该程序随机产生 0 到 9 之间的 10 个整数存入数组 arr 中,然后提示用户从键盘键入一个一位整数,程序给出用户输入的数是否在数组 arr 中的提示。

本章小结

本章主要介绍了数组概念。数组可以分为一维数组和多维数组,数组中存放了相同类型的数据,数组中的元素通过下标来访问,通过实例来介绍了数组类中常用的方法及其基本操作。

本章实训

数组训练,参见“实训部分,实训 8 Part 1”。

本章习题

1. 编写程序,实现随机产生 10 个整数并存入数组,并将该数组中的元素按顺序和逆序打印输出。

2. 编写程序,从键盘上输入 10 个整数存入数组,完成以下几个任务:

(1) 打印输出该数组中的最大值、最小值及它们在数组中的位置;

(2) 打印输出这 10 个数的和;

(3) 打印所有大于 30 的数;

(4) 求出这 10 个数的平均值并打印出小于该平均值的数。

3. 编写程序,要求根据用户选择比萨饼的大小,打印出相应尺寸的比萨饼的价格。下面给出比萨饼尺寸和价格的对照表。

尺　寸	小	中	大	特大
价　格	RMB 20.99	RMB 30.99	RMB 40.50	RMB 50.50

4. 编写程序,定义数组用来存放乘法表的结果,并打印输出。

1＊1=1

1＊2=2　2＊2=4

1＊3=3　2＊3=6　3＊3=9

…

1＊9=9　2＊9=18　…　　9＊9=81

5. 创建并打印阶数为5的“杨辉”三角形:

```
        1
      1 2 1
    1 2 3 2 1
  1 2 3 4 3 2 1
1 2 3 4 5 4 3 2 1
```

提示:利用整数类型数组存储“杨辉”三角形中的数字。

6. 编写程序计算输入一行文本中的元音(a,e,i,o,u)个数。

7. 从键盘输入5个字符串并存入数组,要求打印出以字母“t”开头的字符串。

8. 将20个字符存入到一个数组中,如1234abc%$78＊d…,编写程序来计算出这些字符中英文字母的个数,以及非英文字母的个数。

9. 将10个学生的学号存入一个整型类型的数组,并创建另一个字符串类型的数组用来存放相对应的那10个学生的姓名。编写程序让用户从键盘输入学生的学号,程序就打印输出该学生的姓名。

10. 编程求矩阵中的全部马鞍点(存在时)。

马鞍点:在$M*N$矩阵A中,如果元素$A_{i\times j}$既是行中最小值,又是列中的最大值,则称$A_{i\times j}$是矩阵的一个马鞍点。

假设已给出一个4行5列的二维数组,如下所示:

int a[][]={{1,2,3,4,5},{7,3,4,5,6},{2,1,5,4,3},{5,3,6,5,4}};

请编程求出所有马鞍点。

第 10 章　继承、接口和包

学习目标

- ➢ 掌握、熟悉、了解类的继承的概念
- ➢ 掌握、熟悉、了解创建和定义父类和子类
- ➢ 掌握、熟悉、了解抽象类的用法
- ➢ 掌握、熟悉、了解接口的创建
- ➢ 掌握、熟悉、了解包的创建

生活场景

今天的王明看起来有点累，所以刘老师就问他还好吗，王明答道："很累。上个星期试着给 AAA 公司的几个部门写程序，让我感到最累的是我好像一直在做一些重复的东西！"刘老师有点不解："你的意思是什么？" 王明就说："好比一个公司的员工有很多种类，比如有经理、客户代表、操作工等等，我在创建这些不同种类的员工类时做了很多相同的工作。如这几种员工之中大家都有姓名、地址、薪水等属性；并且大家都有领取薪水、工作等行为。而我在创建这些类时每次都要重复定义这些类似的属性和行为！" 刘老师说："我明白了。你是想把他们的公共部分创建一个类，然后再针对不同的员工来创建一些新的类，在这些新类中只要将自己特有的属性和行为定义就可以。""正是这样！"王明说。刘老师笑着说："今天我就来告诉你怎么来解决这些问题！"

10.1　类的继承

继承是面向对象的系统分析和程序设计中的重要内容，也是面向对象的程序设计方法的技术优势。通过继承可以实现代码的复用，这时程序的复杂性呈线性地增长。对象之间的继承不仅模拟了客观世界中事物的因果关系，同样也能够利用程序化方式描述客观世界的多样性。

10.1.1　继承的概念

当谈到继承这个词时，可能会想到遗传学上的继承。从生物学上了解到血型、肤色等都可以是从家族中的父母辈中继承下来，这可以称一些自身的数据是继承的。同样的，一些行为方式也可以从父辈中继承下来，比如你对花钱的态度可能和你的爷爷是一样的，还有当你

遇到烦恼时总喜欢用手拍额头，这个动作可能和你的阿姨很相似，这可以说你的行为是继承的。

同样，在面向对象的编程语言中，创建新类时可以从已经存在的类中继承成员变量和方法。创建一个类，并且继承了其他的类，那么这个类也会自动地继承其他类中的成员变量和方法。如可以将公司员工用下图来描述：

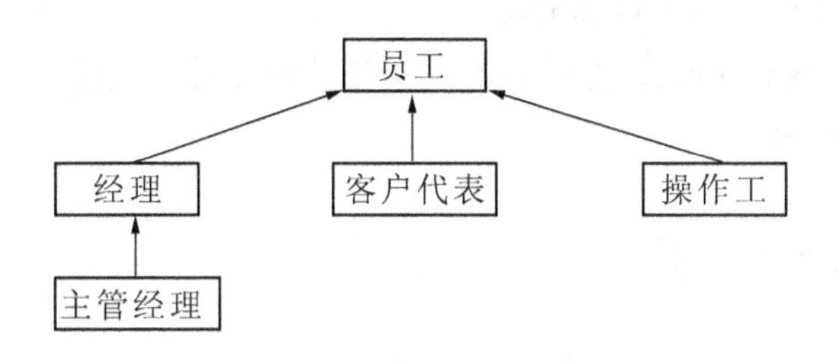

图 10-1 公司员工构成图

大家知道不管是主管经理、经理和客户代表，还是操作工，都有一些共性的地方：都有工号、姓名、薪水等属性。但对于操作工来讲他可能还有车间名称、操作工种；对于客户代表，他可能还有负责的区域名；对于经理来讲他可能有属于经理专用的车库号；而对于主管经理来说，他可能有享受的特殊津贴的待遇等等，这些都是每个特殊类型员工所特有的、有别于其他员工的属性。从继承的特征可以知道，可以将他们共性的那部分创建一个 Employee 类，然后为特有的部分分别创建类，比如为客户代表创建一个 EmployeeWithTerritory 类；给经理创建一个 ManagerEmployee 类；给操作工创建一个 OperatorEmployee 类，这样就可以解决编程中的冗余问题了。可以将 EmployeeWithTerritory 类继承 Employee 类来表示整个客户代表类，其余几种类似。

假设 Employee 类已经存在，通过测试，可以被使用了，那么只要创建 EmployeeWithTerritory 类，通过继承来完整地表示客户代表类，如图所示：

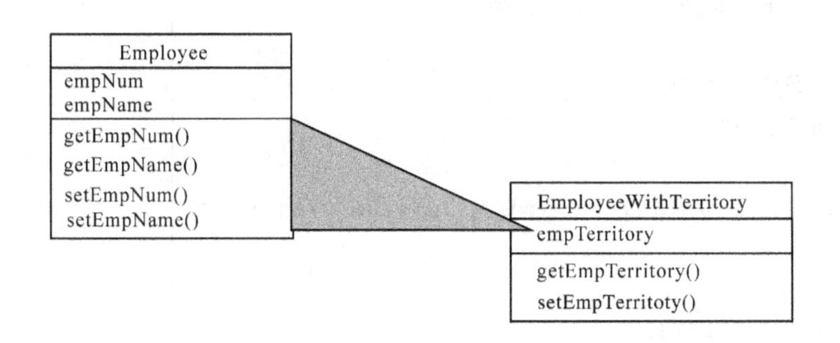

图 10-2 EmployeeWithTerritory 继承了 Employee 类

从这个图里可以知道 EmployeeWithTerritory 继承了 Employee 类，有 3 种好处：

节省时间 因为 Employee 类的成员变量和方法已经存在了；

减少错误 因为 Employee 类已经被测试和使用了；

容易理解 因为已经通过创建了简单的 Employee 类的对象，并且知道它们是怎么工作的。当然对于其他的几种类型，也可以试着画出类似的图。

提示：类的继承的主要意义在于它可以使得代码重用！

可以将上图中的被继承的 Employee 类称作父类，继承父类的 EmployeeWithTerritory 类称作子类。子类继承父类的成员变量和方法，同时也可以修改父类中的成员变量或重写父类的方法，并添加新的成员变量和方法。

Java 中，类 Java. lang. Object 是一切类的父类，所有的其他类都通过直接或间接的方式来继承 Java. lang. Object 类。

10.1.2 类继承的实现

首先来介绍一下如何来创建子类，请看下面的格式：

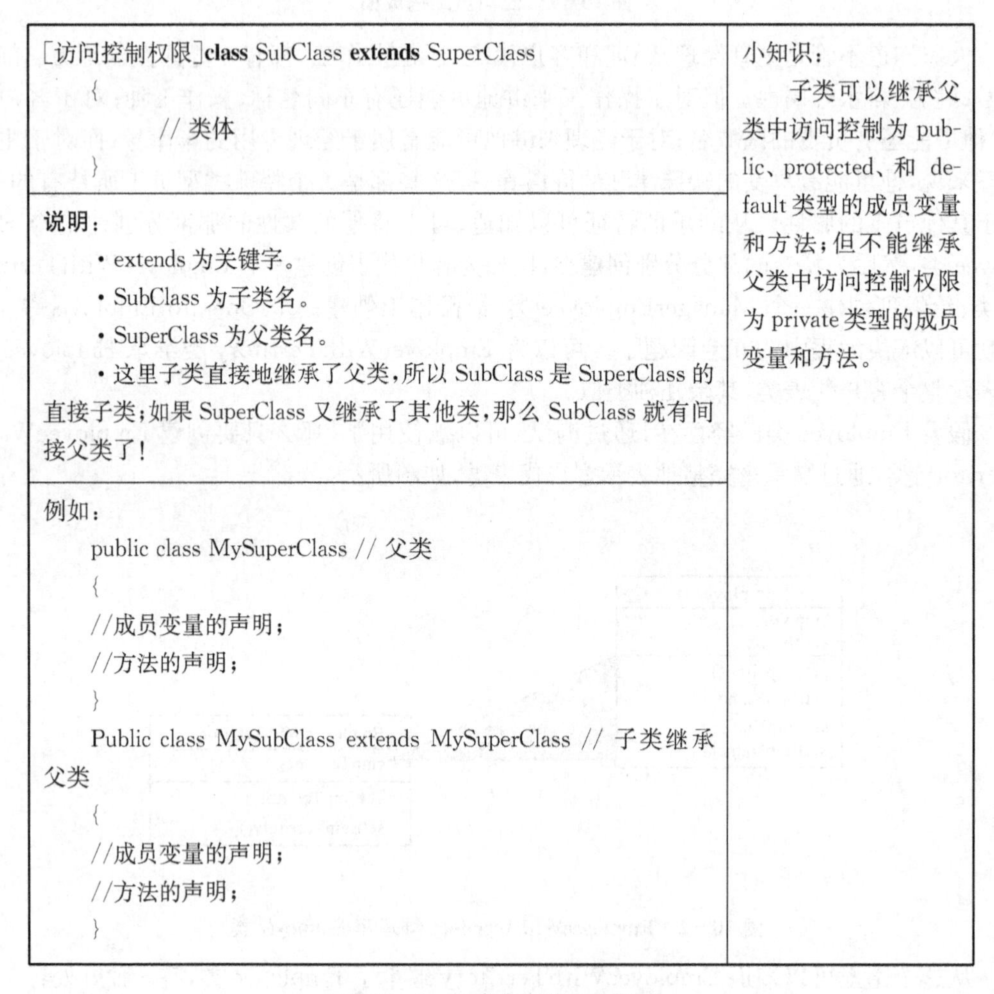

```
[访问控制权限]class SubClass extends SuperClass
{
    // 类体
}
```

说明：

- extends 为关键字。
- SubClass 为子类名。
- SuperClass 为父类名。
- 这里子类直接地继承了父类，所以 SubClass 是 SuperClass 的直接子类；如果 SuperClass 又继承了其他类，那么 SubClass 就有间接父类了！

例如：

```
public class MySuperClass // 父类
{
//成员变量的声明;
//方法的声明;
}
Public class MySubClass extends MySuperClass // 子类继承父类
{
//成员变量的声明;
//方法的声明;
}
```

小知识：

子类可以继承父类中访问控制为 public、protected、和 default 类型的成员变量和方法；但不能继承父类中访问控制权限为 private 类型的成员变量和方法。

图 10-3 子类声明的一般形式

下面给出一个 Employee 类和它的子类 EmployeeWithTerritory 的代码来对继承加以深刻理解：

读一读　10－1

```
// Employee 父类
1:   public class Employee
2:   {
3:     private int empNum;
4:     private String empName;
5:     public int getEmpNum()
6:       {
7:        return empNum;
8:       }
9:     public String getEmpName ()
10:      {
11:             return empName;
12:     }
13:     public void setEmpNum(int e)
14:      {
15:             empNum = e;
16:     }
17:     public void setEmpName (String name)
18:     {
19:           empName = name;
20:      }
21:   }
// EmployeeWithTerritory 子类
1:   public class EmployeeWithTerritory extends Employee
2:   {
3:     private int territoryNum;
4:     public int getTerritoryNum()
5:     {
6:        return territoryNum;
7:     }
8:     public void setTerritoryNum(int num)
9:     {
10:   territoryNum=num;
11:    }
12:   }
```

说明：

当创建了一个 EmployeeWithTerritory 类型的对象后，如：

EmployeeWithTerritory northernRep = new EmployeeWithTerritory()；

就可以通过下面的语句来获得相关的成员变量（属性）：

northernRep. getEmpNum()；//继承了父类的方法；

```
northernRep. getEmpName (); //继承了父类的方法;
northernRep. getTerritoryNum();
同样的,可以通过下面的语句来调用相关的方法:
northernRep. setEmpNum(25); //继承了父类的方法;
northernRep. setEmpName ("Yinfei"); //继承了父类的方法;
northernRep. setTerritoryNum(8);
```

继承是单方向的。现实生活中只说孩子继承了父母的,而不能说父母继承了孩子的。在类的继承中,只允许子类的对象继承父类中的成员变量和方法,父类的对象**不能**继承子类中的成员变量和方法。

继承有两种,一种是单继承,另一种是多继承。所谓单继承是指一个子类只能有一个父类,而多继承是指一个子类可以有多个父类。如下所示:

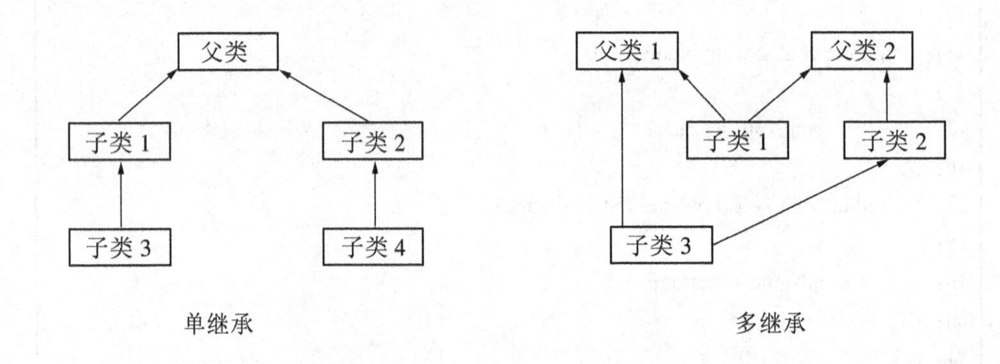

图 10-4　单继承和多继承图

Java 只支持单继承而不继承多继承。

10.1.3　方法的重写

前面已经学习了关于子类继承父类的相关知识,知道如果子类继承了父类,那么子类就继承了父类的成员变量(属性)和方法;也知道子类中可以加入一些自己的成员变量和方法。如果在子类中加入的某个方法和父类中某个方法具有相同的方法名和参数列表,可能要问"Java 允许这样做吗"? 对于这个问题的回答是肯定的。Java 允许子类对父类中同名的方法进行重定义。这就引出了一个新的概念:方法的重写。**方法的重写**指的是子类中定义与父类中已定义的名称相同、参数列表相同但方法体不同的方法。这也体现了 Java 多态性的特征。

因为重写的方法位于子类中,所以对这两个方法的调用只需通过对象所属的类来区别。假设现在有两个类,SuperClass 和 SubClass,SubClass 是 SuperClass 的子类;在 SuperClass 中定义了一个方法 method(),而在 SubClass 中对父类的 method()进行了重写。下图表示了不同类型的对象调用相对应的方法。

```
SuperClass superObj = new SuperClass();
SubClass subObj = new SubClass();
superObj.method(); //调用了父类中的方法 method(),因为 superObj 的类型是 SuperClass;
subObj.method(); // 调用了子类中的方法 method(), 因为 superObj 的类型是 SubClass;
```

图 10－5　单继承和多继承图

读一读　10－2

某学校要开发一个管理学生学费收缴情况的系统。这个学校的学生有两种类型：一种是辖区内学生，每年学费 5 000 元；另一种是借读生，每年学费 8 000 元。可以编写以下程序：

//程序员：yinfei_zhu

//定义父类 Student.java

```
1:  class Student{
2:     private int studentID;
3:     private String studentName;
4:     Student(int id, String name){
5:        studentID=id;
6:        studentName=name;
7:     }
8:     String getName(){
9:        return studentName;
10:    }
11:    void tuitionFee(){
12:       System.out.println(studentName+"是辖区内学生,需交学费是 RMB 5 000/年");
13:    }
14: }
```

//定义子类 JieDuStudent.java

```
1:  class JieDuStudent extends Student{
2:    JieDuStudent(int id, String name){
3:       super(id, name);
4:    }
5:    void tuitionFee(){
6:       System.out.println(getName()+"是借读生,需交学费是 RMB 8 000/年");
7:    }
8:  }
```

//TestStudent 类用来创建 Student 类和 JieDuStudent 类的对象并调用相关的方法

```
1:  public class TestStudent{
```

```
2：          public static void main(String args[]){
3：            // 创建了一个 Student 类型的对象
4：            Student oneStudent = new Student(001, "Yinfei");
5：            // 创建了一个 JieDuStudent 类型的对象
6：            JieDuStudent oneJieDuStudent = new JieDuStudent(005, "WamgMing");
7：            oneStudent. tuitionFee();
8：            oneJieDuStudent. tuitionFee();
9：          }
10：  }
```

保存该文件为 TestStudent. java
编译该程序,并运行该程序,输出结果如图:

```
Yinfei 是辖区内学生,需交学费是 RMB 5 000/年
WamgMing 是借读生,需交学费是 RMB 8 000/年
```

解读:

本程序定义了 Student 类建立了 3 个相同名称,不同参数个数的方法 overloadDate(),实现了类方法的重载,简化了方法的调用。

父类中以下 4 种类型的方法在子类不能重写:

- private 类型的方法;
- static 类型的方法;
- final 类型的方法;
- final 类中的所有方法。

10.1.4 重写构造方法

前面已经学会了怎么定义构造方法,怎么对父类中的方法进行重写。那么如果父类和子类中分别定义了一个不带任何参数的构造方法,情况会是怎样呢?请看下面的程序:

读一读 10-3

```
//程序员:yinfei_zhu/
// 定义父类 SuperClass. java
1：   class SuperClass
2：   {
3：     public SuperClass()
4：     {
5：        System. out. println("你执行了父类中的构造方法!");
```

```
6:     }
7:   }
// 定义子类 SubClass.java
8:   class SubClass extends SuperClass
9:   {
10:      public SubClass()
11:      {
12:          System.out.println("你执行了子类中的构造方法!");
13:      }
14:  }
// 定义类 TestConstructor.java 来测试父类和子类中的构造方法
15:  public class TestConstructor
16:  {
17:      public static void main(String args[])
18:      {
19:          SubClass obj = new SubClass();
20:      }
21:  }
```

保存该文件为 TestConstructor.java
编译该程序,并运行该程序,输出结果如图:

```
你执行了父类中的构造方法!
你执行了子类中的构造方法!
```

解读:

在这个程序中有两个类 SuperClass 和 SubClass。SubClass 是 SuperClass 的子类。这两个类分别定义了不带参数的构造方法 SuperClass()和 SubClass()。在程序 TestConstructor 中创建了一个 SubClass 类型的对象 obj。创建这个对象时程序会先调用 SuperClass 的构造方法 SuperClass(),再调用 SubClass()构造方法。

一般来说父类的构造方法用来对父类的数据进行初始化,而子类的构造方法一般来对子类特有的数据进行初始化。

提示:一旦对某个类写了构造方法,那么再也不能使用系统提供的缺省构造方法!

如果子类中的构造方法是带有参数的,是不是也一样处理呢?Java 规定,如果子类自定义的构造方法中,要调用父类中某个构造方法,那么在该子类构造方法中的第一行语句必须使用 super()来调用父类中的那个构造方法!如下图所示:

读一读　10 - 4

```
//程序员:yinfei_zhu/
// 定义父类 SuperClass.java
1:  class SuperClass
2:     {
3:     public SuperClass(String s)
4:     {
5:       System.out.println("你执行了父类中带字符串类型的构造方法!");
6:     }
7:   public SuperClass(int i)
8:     {
9:      System.out.println("你执行了父类中带整型类型的构造方法!");
10:    }
11:    }
12: class SubClass extends SuperClass
13:    {
14:   public SubClass(int j)
15:    {
16:     super(j); // 必须放在第 1 行,调用了父类中带整型参数的构造方法;
17:     System.out.println("你执行了子类中的构造方法!");
18:    }
19:    }
20: public class TestConstructorWithArguments
21:    {
22:    public static void main(String args[])
23:    {
24:       SubClass obj = new SubClass(3);
25:    }
26:    }
```

保存该文件为 TestConstructorWithArguments.java

编译该程序,并运行该程序,输出结果如图:

```
你执行了父类中带整型类型的构造方法!
你执行了子类中的构造方法!
```

解读:

在这个程序中通过使用 super(j)来调用了父类中带整型参数的构造方法。如果将 super(j)替换成 super(“abc”);将得到如下结果:

```
你执行了父类中带字符串类型的构造方法!
你执行了子类中的构造方法!
```

> **提示**：如果想在子类的构造方法中调用父类中不带参数的构造方法，那么只需写 super() 就可以了，但前提是父类中除了有带参数的构造方法外，还需定义一个不带参数的构造方法。

10.1.5　子类访问父类方法

前面学习了子类如何重写父类中的方法，那么子类如何来访问父类中的方法？可以使用关键字 super 来解决这个问题。下面通过例子来加以说明：

读一读　10-5

```
//程序员：yinfei_zhu
//定义父类 Super.java
1：  class Super
2：  {
3：      public void print()
4：      {
5：          System.out.println("SuperClass")；
6：      }
7：  }
//定义子类 Sub.java
8：  class Subs extends Super
9：  {
10：     public void print()
11：     {
12：         System.out.println("我是子类 SubClass，\n 我的父类是：")；
13：         super.print()；// 调用了父类中的 print()方法
14：     }
15：  }
16：  public class TestAccessSuperClassMethod
17：  {
18：         public static void main(String args[])
19：         {
20：             Sub obj = new Sub ()；
21：             obj.print()；
22：         }
23：  }
```

保存该文件为 TestAccessSuperClassMethod.java
编译并运行该程序，输出结果如图：

```
我是子类 SuClass，
我的父类是：
SuperClass
```

解读：

本程序在子类中通过使用 super 关键字来调用父类中定义的方法。

如果父类中和子类中都定义了一个名叫 method () 的方法，如果在子类中分别要访问这两个方法，那么采用什么方法可以区别调用两个不同的方法呢？可以用 this. method() 或者在 method()前不加任何修饰词来表示调用子类中的 method ()方法；而用 super. method ()来表示父类中的方法。如下图所示：

读一读　10-6

```
//程序员:yinfei_zhu
1：  class Super
2：  {
3：    public void print()
4：    {
5：       System.out.println("我是父类 SuperClass 中的 print()方法")；
6：    }
7：  }

8：  class Sub extends Super
9：  {
10：    public void print()
11：    {
12：       System.out.println("我是子类 SubClass 中的 print()方法")；
13：    }
14：    void testPrint()
15：    {
16：       super.print()；// 调用了父类中的 print ()方法
17：       this.print()；//调用了子类中的 print ()方法，也可以不用 this
18：    }
19：  }
20：  public class TestSuperThisAccess
21：  {
22：    public static void main(String args[])
23：    {
24：       SubClass obj = new SubClass()；
25：       obj.testPrint()；
```

```
26:        }
27:    }
```

保存该文件为 TestSuperThisAccess. java

编译该程序，并运行该程序，输出结果如图：

```
我是父类 SuperClass 中的 print()方法
我是子类 SubClass 中的 print()方法
```

解读：

本程序在子类中通过使用 super 关键字来调用父类中定义的方法。

10.2　抽象(abstract)类

在面向对象的继承结构中，如果某个类只对属性数据进行说明，而不对具体方法进行描述，它就变得越抽象，甚至它可以作为其它类的一个框架。这个框架主要抽象描述一些常规操作。比如所有的简单图形类都需要一个通用的方法 draw()在坐标系统上画出图形。如图 10－6 所示：显然不可能在父类 Shape 中实现 draw()方法。

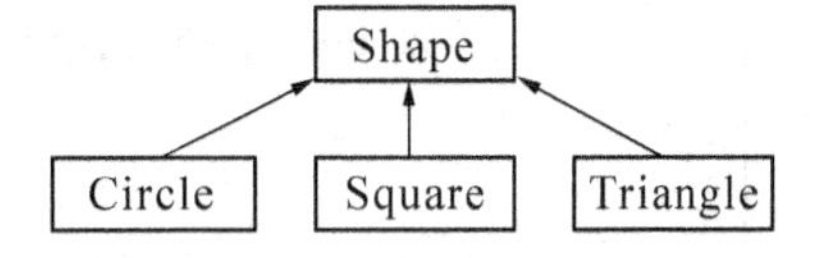

图 10－6　简单图形继承 Shape 类

在 Java 中，用 abstract 关键字来修饰不能在这个类内实现的方法，将这类方法称为**抽象方法**。抽象方法只有方法名、参数列表和返回类型；抽象方法没有方法体。抽象方法的定义如下：

```
abstract 返回类型　方法名(参数列表)；
```

如果一个类含有一个或多个抽象方法，那么该类也必须定义为 abstract，这样的类称为**抽象类**。定义抽象类后，其他类可以对它进行扩充并且通过实现其中的抽象方法，使抽象类具体化。

在以下几种情况下定义的类一定要将其定义为抽象类：

- 类中包含一个或多个抽象方法；
- 如果一个类继承了一个抽象类，但没有实现父类中所有的抽象方法；
- 如果一个类实现某个接口，但没有实现该接口中的所有抽象方法。

> **提示**：抽象类不能被实例化，也就是说不能创建抽象类类型的对象；抽象方法可以定义为 public 或 protected，但不能定义为 final、private 和 static。

下面给出以下程序来对抽象类进一步理解：

读一读　10－7

```
1:    abstract class Shape{
2:        int posX,posY;
```

```
3:      void moveTo(int x,int y){
4:        posX=x;
5:        posY=y;
6:      }
7:      abstract void draw();
8:  }
9:  class Circle extends Shape{
10:     int radius;
11:     void draw(){
12:       System.out.println("这是一个圆!");
13:       // 以(posX,posY)为中心,画一个半径为 radius 的圆
14:     }
15: }
16:  class Square extends Shape{
17:    int length;
18:    void draw(){
19:      System.out.println("这是一个正方形!");
20:      // 以(posX,posY)为中心,画一个边长为 length 的正方形
21:    }
22: }
23:  class Triangle extends Shape{
24:    int bottom,height;
25:    void draw(){
26:  System.out.println("这是一个三角形!");
27:    // 以(posX,posY)为重心,画一个底长为 bottom、高为 height 的三角形
28:    }
29: }
30:  class ShapeManager{
31:    void manager(Shape obj){
32:        obj.draw();
33:    }
34: }
35:public class TestShape{
36:      public static void main(String args[]){
37:          Circle c = new Circle();
38:          Square s = new Square();
39:          Triangle t = new Triangle();
40:          ShapeManager sm = new ShapeManager();
41:          sm.manager(c);
42:          sm.manager(s);
43:          sm.manager(t);
44:      }
```

```
45：   }
```

保存该文件为 TestShape. java
编译该程序，并运行该程序，输出结果如图：

```
这是一个圆！
这是一个正方形！
这是一个三角形！
```

解读：

本程序主要说明在一个类中如果包含了抽象方法，那么这个类也要定义为抽象类；如果一个类继承了一个抽象类，那么这个类要实现它所继承的抽象类中包含的抽象方法。

练一练　10 - 1

(1) 请指出下列例子中哪些是抽象类，又是如何实现那些抽象方法的？

```
1：   abstract class AbstractDemo
2：   {
3：          abstract void getGreetings()；
4：          public void getAnotherGreetings()
5：          {
6：            System. out. println("你好，我是在一个抽象类中，但在一个真实的方法中。")；
7：          }
8：   }
9：   class Demo extends AbstractDemo
10：   {
11：     void getGreetings()
12：     {
13：      System. out. println("现在我不在一个抽象类中！")；
14：     }
15：   }
16：   public class AbstractClassUtility
17：   {
18：        public static void main(String args[])
19：        {
20：          Demo demo=new Demo()；
21：          demo. getGreetings()；
22：          demo. getAnotherGreetings()；
23：        }
24：   }
```

(2) 请指出下例能否编译通过？

```
1：   final class FinalClassDemo
```

```
2：  {
3：      FinalClassDemo(){ }
4：        void doSomething()
5：        {
6：          System.out.println("我在一个 final 类中！");
7：        }
8：  }
9：  class FinalClassUtility extends FinalClassDemo
10： {
11：      //...
12： }
```

10.3 接　　口

前面谈到了 Java 只支持单继承，而不支持多继承。单继承使得 Java 程序结构简单，层次分明，并且容易管理，更安全可靠。但在实际生活中很多例子都拥有多继承的特征，比如正方形既有菱形的特征，又有长方形的特征。换句话讲，如果希望一个类可以继承多个父类，这时就需要 Java 提供类似于多继承的处理机制。在这种情况下引入了接口这个概念。

接口是一种完全没有实现的类，接口只包含常量和抽象方法。接口是一种概念性的模型，它有助于类层次结构的设计。接口的主要好处有如下 3 点：

- 通过接口可以实现不相关类的相同行为，不需要考虑这些类之间的关系；
- 通过接口可以指明多个类需要实现的方法；
- 通过接口可以了解对象的交互界面，而不需要了解对象所对应的类。

接口的定义格式如下所示：

```
[public] interface 接口名
{
        // 接口体；
}
```

提示：接口可以继承接口，与类的继承有所不同的是接口可以继承多个接口！

```
[public] interface 接口名 [extends 超接口 1、超接口 2、...]
{
      // 接口体；
}
```

如果一个类要实现某个接口，那么这个类一定要实现这个接口中的所有方法，否则必须将该类声明为abstract类型！这一点与前面讲到的抽象类的用法是一样的，可以将接口看成是一种特殊的类，只不过将class换成interface而已，这样就更好理解接口了！

下面通过一个案例来对接口作进一步说明：

读一读　10-8

```
1: interface InterfaceColor // 接口
2: {
3:   abstract void setColor();
4: }
5: interface InterfaceWheelsNum extends InterfaceColor // 接口继承接口
6: {
7:   abstract void setWheels();
8: }
9: class Car implements InterfaceWheelsNum // 类实现接口
10: {
11:   public void setColor()
12:   {
13:     System.out.println("这个汽车厂生产的汽车的颜色是红色的!");
14:   }
15:   public void setWheels()
16:   {
17:     System.out.println("汽车有4个轮子!");
18:   }
19: }
20: class Bike implements InterfaceColor //类实现接口
21: {
22:   public void setColor()
23:   {
24:     System.out.println("这个自行车厂生产的自行车的颜色是绿色的!");
25:   }
26: }
27: public class TestInterface // 程序测试接口的使用
28: {
29:   public static void main(String args[])
30:   {
31:     Car c = new Car();
32:      c.setColor();
33:      c.setWheels();
34:     Bike b = new Bike();
35:      b.setColor();
36:     }
37:   }
```

保存该文件为 TestInterface.java
编译该程序,并运行该程序,输出结果如图:

```
这个汽车厂生产的汽车的颜色是红色的!
汽车有4个轮子!
这个自行车厂生产的自行车的颜色是绿色的!
```

解读:

在这个例子中有两个接口,分别是 InterfaceColor 和 InterfaceWheelsNum;有两个类 Car 和 Bike;还有一个包含主方法 main()的程序 TestInterface。

10.4 包

学了这么久的计算机,大家对 Windows 对文件的组织方式应该有所了解。Windows 是通过文件夹对文件进行管理的,同一个文件中不允许具有相同名字的文件存在,但允许相同名字的文件存放在不同的文件夹中。设想一下,要是没有文件夹对文件进行管理,那么存储在计算机中的文件势必将会杂乱无章。要找的文件不知道去哪里找,或者为给一个新文件取什么名而烦恼,因为要考虑到和以前的名不能同名。但现在有文件夹的存在就解决了这些问题,可以把相同的文件按不同的文件夹来存放,井井有条,同时还允许在文件夹中创建子文件夹。

Java 对类的管理和文件夹对文件的管理类似。大家都知道 Java 要求编写的程序保存为与类名完全一致的文件,如果将多个类存放在一起时要保证类名不能完全相同,否则会引起类名冲突,这时需要有一种机制来管理这些类,这就引入了包的概念。

包是类和接口的集合。一个 Java 程序可以定义多个包;一个包可以包含多个类和接口。可以将 Java 中的包和操作系统中的文件夹对应起来理解,所以 Java 系统要求创建的".java"文件存放到与包含它的类名完全一致的文件夹中。其实包是逻辑上存在的概念,而文件夹是物理上存在的概念。

10.4.1 包的创建

接下来谈谈怎么创建包?方法是在".java"源文件的第一条语句写"package"语句,该语句指明了该文件中定义的类所在的包名。

```
Package 包名1[.包名2[.包名3…]];
```

例如:

```
package student;
class StudentInfoClass { … }
class StudentCourseClass{ … }
class StudentActionClass { … }
```

图 10-7 包的创建

在图 10-7 中，创建了一个包 student，在这个包中存放了三个类 StudentInfoClass、StudentCourseClass 和 StudentActionClass。在保存这三个类时应该将他们保存在名为 student 的文件夹中。下面来看一个范例：

```
package chaper8; // 一般我们将包名的第一字母用小写字母来表示。
public class TestPackage
{
        public static void main(String args[])
        {
          System. out. println("包的创建!");
        }
}
```

图 10-8　TestPackage 类

当创建完图 10-8 的类后，可以按照下面的步骤来对该程序编译和运行：

步骤一　将该文件保存到名为 chaper8 的文件夹下(假设该文件夹在 c 盘根目录下。如果在 c 盘的根目录下没有该文件存在的话，请自己创建一个 chaper8 的文件夹；当然可以将该文件夹保存在除了 c 盘根目录以外的其他地方，但是前提是包名一定要和存放那个目标文件. class 的目录一致)；

步骤二　可以使用以下命令来对 TestPackage. java 文件进行编译；

c:\chapter8\>javac TestPackage. java

当然，如果不在 chapter8 子目录下，可以在. java 文件前指明路径，如下所示：

c:\>javac chapter8\TestPackage. java

步骤三　使用下面的命令来运行该程序：

c:\>java chapter8. TestPackage. java

运行包含在包里的. class 文件时，一定要将光标返回和包同名的那个子目录的上一级目录下，然后执行 Java 包名. class 文件。

> **提示**：在 Java 中，一个包中允许包含其他的包。具体可以写成：
> package pkg1. pkg2；

所以，就拿刚才那个例子来说，假设在程序的首行这么写：

package myJava. chapter8;

那么运行该类的程序时应该执行如下的命令：

c:\>java myJava. chapter8. TestPackage. java

10.4.2　包的导入

程序包使得 Java 程序的组织结构层次化，也使得类名层次化。要找到某个类时，只要知道它所在的包就可以了。假设现在写了两个程序 One. java 和 Two. java，Two. java 包含在 pkgTwo 包中。而在 One. java 程序中要使用 Two. java 中定义的一些方法，那么可以在

One.java 程序中的首行加入：

```
import pkg2. * ; // 该行表示把包含在 pkgTwo 包中的所有类导入了，
                 //你可以访问 Two 类中可以访问的方法了。
```

或者：

```
import pkg2.Two; // 该行表示只把包含在 pkg2 包中的 Two 类导入了，
                 // 你可以访问 Two 类中可以访问的方法了。
```

本章小结

本章首先介绍了类的继承的概念，同时讲解了怎么创建一个子类，子类怎么重写父类的构造方法及其他的方法、子类如何访问父类中的方法；接下来介绍了抽象类和抽象方法的概念及用法；又讲解了接口的概念以及类如何来实现接口；最后介绍了包的概念。

本章实训

类继承训练，参见“实训部分，实训 7 Part 2”。

本章习题

1. 下面列出了 4 组类的类名，根据你的理解，请分别指出每组中哪个类应该是父类，哪个类应该是子类？

Bird(鸟)/Parrot(鹦鹉)

Chinese(中文)/Language(语言)

Furniture(家具)/Desk(桌子)

Tulip(郁金香)/Flower(花)

2. 下面列出了 3 个父类的类名，请写出每个父类的 3 个子类类名。

Food(食物)

Movie(电影)

Hobby(喜好)

3. 请创建一个名为 Square 的类，该类中包含了 3 个成员变量(属性)：height(高)、width(宽)和 surfaceArea(表面积)，还包含了一个名为 computeSurfaceArea()的方法。请再创建一个子类，名为 Cube。Cube 包含了它特有的一个属性，名为 depth(深度)，还重写了父类的方法 computeSurfaceArea()。编写一程序，该程序创建两个对象，分别是 Square 类型和 Cube 类型，然后显示这两个对象的表面面积。

4. 编写一个类，取名为 CarRental，该类用来计算租一辆车一天需要的费用，这个费用是根据所租车的大小来定的，车的大小分为：small、medium 和 big。在该程序中包含了一个构造方法，这个构造方法需要一个参数来对车的大小进行设置。再创建一个子类，在该子类中添加一个额外的成员变量用来表示所租车的电话号码。最后编写一个程序来使用上面编写的类。

5. 在程序包 PackageOne 中编写至少含有一个方法的公有接口 InterfaceOne。在程序包 PackageTwo 中定义公有类 SuperClass 和一个受保护的类 ProtectedClass，这个受保护的类实现接口 InterfaceOne。在程序包 PackageThree 中定义公有类 SubClass 继承 Super-

Class,类 SubClass 定义一个返回类型为 InterfaceOne 的方法,这个方法返回 ProtectedClass 类型的实例对象。请正确使用程序包来组织以上类和接口,编译并运行。

6. 编写一个名为 UserLoan 的程序,该程序使用名为 Loan 的抽象类和多个子类,用来显示不同类型的贷款和每月的花费(家庭、汽车等项)。在每个类中使用具有合适参数的构造方法。添加获取和设置方法,其中至少有一个方法是抽象的。提示用户输入显示的类型,然后创建合适的对象。再创建一个接口,该接口至少有一个用于子类的方法。

第11章 异常处理

学习目标

- 掌握异常的概念
- 掌握如何捕获和抛出异常
- 掌握如何使用异常 getMessage()方法
- 掌握如何捕获和抛出多重异常
- 掌握如何使用 finally 语句块
- 掌握如何来创建自己的异常

生活场景

“气死了!”今天王明在写事件处理程序时又在嘀咕着,正好刘老师走过他身旁。老师问:“你看起来很不高兴,为什么呀?”“就因为这些错误。”王明答道。刘老师开玩笑道:“哈哈,又落水啦?”刘老师接着说:“每个程序员在编程时都会犯错误!”王明又道:“不管我写的代码有多好,用户总能够输入一些坏数据而将我的程序搞得一团糟。公司部门的人告诉我出现的一些情况,比如要求用户输入一个月的几号时,用户就输入一些诸如 32、45 等数字;或者用户会输入一些总人数为负数的数字,诸如此类的情况。即使我的程序有多完美,用户总能输入一些错误出来!”刘老师笑笑道:“那就说明你的程序还不够完美,在你写程序时,除了能处理一些平常的情况,你也应该让你的程序能处理一些你想象不到的一些情况,这就是我们要学的异常处理!”

11.1 异常概述

异常是一种未预料到的或者是一种错误的发生。程序可能会产生许多潜在的错误,比如:

- 发出一个命令要求从磁盘上读取一个文件,但那个文件在磁盘上根本不存在;
- 要将数据写到磁盘上,但是磁盘已经满了,或者根本就没格式化;
- 程序要求用户输入一些数据,但用户输入的是一些无效的数据;
- 程序尝试做除以 0 的除法,或者是数组越界访问等。

发生的这些错误称为异常,因为这些异常是不经常发生的,则称它们是例外的。在面向对象的技术中通过一组方法来管理这些错误,这组方法称为异常处理。

说明：为了更好地防止异常，必须在编程时假设会发生这些预料不到的事情，设计预防措施，避免异常(Exception)发生。

在Java编程语言中，每个异常就是一个对象；这些对象所属的类名称为Exception。在Java中，有两种基本的错误类：Error和Exception，这两种类都是继承了Throwable类，如下图所示：

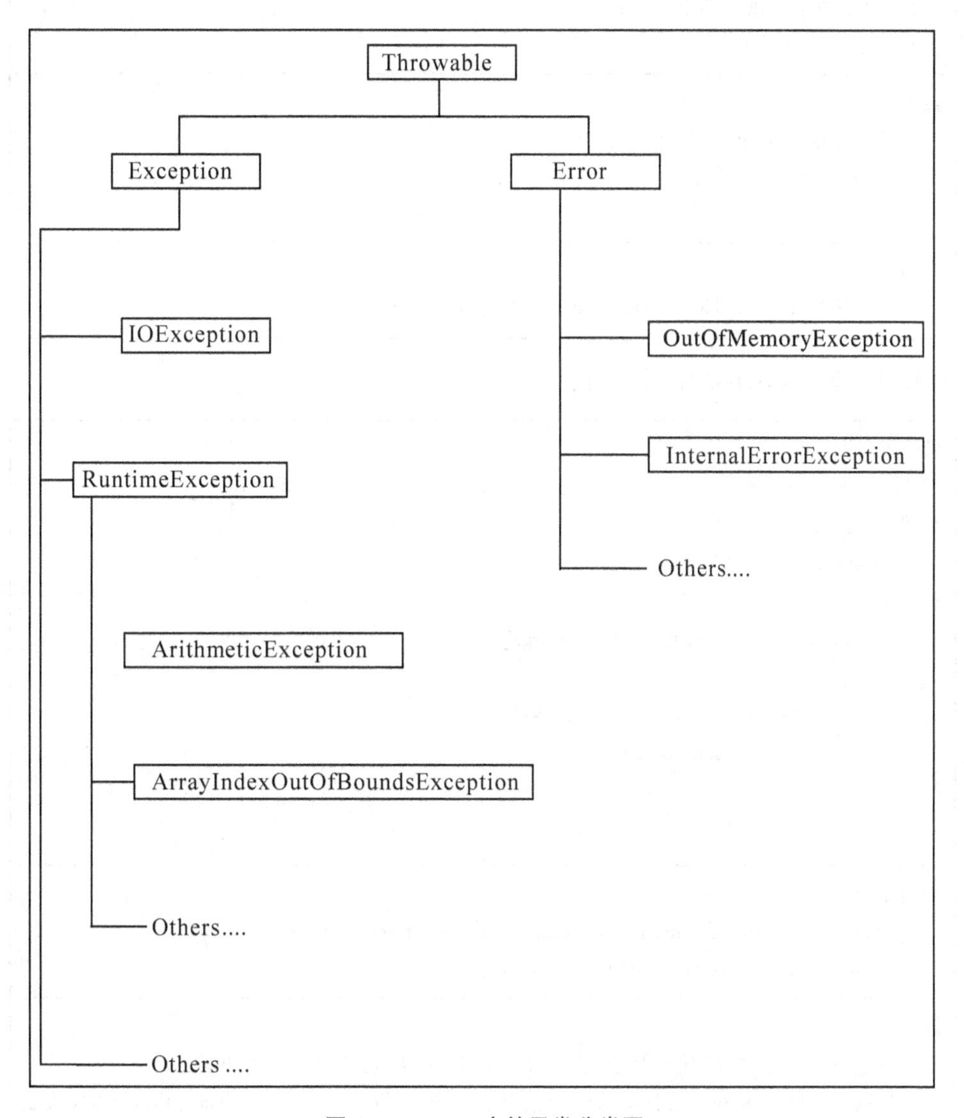

图11-1　Java中的异常分类图

Error类包含了非常严重的错误，程序一般没有能力发现这些错误。"Error"错误可能发生在程序中，比如把一个类名拼写错了，或者将一个类存储在一个错误的文件夹中。当一个程序不能定位一个所需的类或者系统运行内存不足，那么一个错误"Error"就发生了。显然，可以手工解决这些错误，比如将一个文件移到正确的文件夹中，或者给系统增加更多的物理内存。但是要想让程序来自动解决这些问题是不可能的。

Exception类包含一些不是非常严重的错误，这些错误可以由程序来解决。Exception

类的错误包括使用一些无效的数组下标,或者对算术运算的一些非法操作,等等。

不管是有意的还是无意的,程序代码总会引起一些错误,Java 会反馈一些错误信息,由此可以知道这些错误是 Error 类的还是 Exception 类。

下面举个不可恢复的 Error 类错误例子:

在 c:\根目录下键入如下命令:

```
c:\>javac abc.java
```

结果:

系统就给出了如下错误信息:

```
error: cannot read: abc.java
1 error
```

原因:

产生该错误的原因是在当前目录下根本就没有 abc.java 文件。

下面给出一个 Exception 类错误的例子。

读一读　11-1

```
// MathError.java
// 程序员 Yinfei
1:  public class MathError
2:  {
3:      public static void main(String args[])
4:      {
5:          int num=60,denom=0,result;
6:          result=num/denom;
7:      }
8:  }
```

输出结果:

```
Exception in thread "main" java.lang.ArithmeticException: / by zero
    at MathError.main(MathError.java:6)
```

说明:

虽然编译该程序没问题,但是试图运行该程序时,出现了以上的错误信息。

从这个错误信息里可以看出这个异常是一个 java.lang.ArithmeticException 异常,从图 11-1 可以知道这个异常是 Exception 的子类。从这个 Exceptoin 信息中,还可以看到其他的一些错误信息,比如"/ by zero"、发现产生这个错误的方法 MathError.main"MathError.java:6"。

提示:

其实这个程序是故意这样写的,不可能在程序里直接用一个数去除以 0 的。但是假如这个除数是用户输入的数呢?毫无疑问,这个异常就发生了。

对于一个异常的发生，不是一定要去处理它。在上面 MathError. java 这个例子中，出现异常后，程序仅仅终止而已。然而，这种程序的终止是突然的，毫无防备的。当一个程序正在做两个数的除法，或者是一些比较琐碎的事——比如是在和用户玩一个游戏或者是在对一个支票簿进行结算，这个时候程序突然终止了，那么用户肯定会对这个程序感到烦恼。假如是在医院里给病人动手术的过程中，用程序来监控病人的各项生命指数，就在这时程序突然因为异常的出现而终止了，那这种突然的终止可能是致命的。幸运的是面向对象的错误处理机制提供了更多的方案来解决这些异常。

为解决"读一读 11-1"出现的异常，可以在做除以 0 的操作前终止程序：

读一读 11-2

```
// 改进后的 MathError. java
// 程序员 Yinfei
1:  public class MathError
2:  {
3:          public static void main(String args[])
4:          {
5:             int num=60,denom=0,result;
6:             if(denom = = 0)
7:                      System. exit(1);
8:             result=num/denom;
9:          }
10: }
```

说明：

System. exit()是用来关闭当前运行的程序，或者说是结束 Java 虚拟机 JVM。如果 exit()中带的参数是 1，表示是非正常终止程序；如果带的参数是 0，表示是正常终止程序。

使用 exit()技术可以防止错误信息的出现，Java 中的异常处理机制提供了更好的解决方案。

在面向对象的术语中，可用"try"包含一段可能不完全正确的程序语句块，然后用一个可以检测到错误或者是异常的方法来抛弃该异常("throws Exception")，另外再用一个语句块来处理异常——捕获异常("catch Exception")。

11.2 捕获异常

假设有一段代码，这段代码运行时可能会发生错误，解决的办法有两种，第一种办法是可以把这段代码放入一个 try 语句块中。一个 try 语句块中包括以下内容：

- 关键字 try
- 一个左花括号"{"
- 一些引起异常的语句

➢ 一个右花括号“}”

紧接在 try 语句块后，至少要放置一个 catch 语句块。每个 catch 语句块能捕获一种类型的异常。要创建一个 catch 语句块必须包含以下内容：

➢ 关键字 catch
➢ 一个左括号“(”
➢ 一种异常类型
➢ 这种异常的实例名
➢ 一个右括号“)”
➢ 一个左花括号“{”
➢ 用来处理该异常的语句
➢ 一个右花括号“}”

第 2 种办法，如果一个方法要抛弃在这个方法中出现的异常而不对该异常做任何处理，那么必须要在方法名后写上“throws”这个关键字，在“throws”关键字后写上要抛出的异常类型。捕获异常的一般格式：

```
public returnType someMethod() throws someException
{
        try
        {
                // 运行时可能会引起异常的代码
        }
        catch
        {
                // 用来处理该异常的语句
        }
        // 其他的一些不会引起异常出现的语句
}
```

说明：

- public 为方法的修饰符；
- returnType 为方法的返回类型；
- someMethod 为方法名；
- someException 指的是 Exception 类或者是它的子类。

该格式包含了两种处理异常的方法(throws 或者 try-catch 方法)。只要程序代码被放在 try-catch 语句块中时，就不需要用 throws 语句，当然加上 throws 语句也没错。但当程序没有用到 try-catch 语句时，对于 Java 系统不能自动检测到的异常，在方法名后必须加上 throws 语句，后面必须列出可能出现异常类的类名。但对于 Java 系统能自动检测到的异常，不需要加上 throws 语句。有关系统能否自动检测到的异常类，请参见图 11-3 和图 11-4。

当 try 语句块被执行后产生了异常，那么在 catch 语句块中的语句就被执行；反之，如果 try 语句块被执行后没有异常发生，那么在 catch 语句块中的语句就不被执行。但无论在什么情况下，catch 语句块之后的语句都要被正常执行。

注意：

1. 有一个 try 语句块，必须至少有一个 catch 语句块紧接在它后面，否则程序编译不会通过。

2. 一个 catch 语句块外表看起来有点像方法，它也带了一个某种异常类型的参数。但是它不是一个方法，它没有返回类型，也不能直接去调用它。

图 11-2　捕获异常的一般格式

接下来通过捕获除数为 0 的异常来终止程序的例子，对异常的捕获有进一步的理解。

读一读　11-3

```
// MathError1.java
// 程序员 Yinfei
1:  public class MathError1
2:  {
3:      public static void main(String args[]) throws ArithmeticException
4:      {
5:          int num=60,denom=0,result;
6:          try
7:          {
8:                  result=num/denom;
9:          }
10:          catch(ArithmeticException error)
11:          {
12:                  System.out.println("尝试进行除数为 0 的操作!");
13:          }
14:      }
15: }
```

输出结果：

尝试进行除数为 0 的操作!

说明：

1. 比较"读一读 11-2"中的 MathError.java 程序，可以看到在 MathError1.java 中异常被成功捕获，同时成功打印出错误信息！

2. 在该程序中，我们看到 throws 关键字后是 ArithmeticException 异常，因为除数为 0 属于 ArithmeticException 异常类型，所以紧跟在 throws 后面我们用 ArithmeticException；如果在 try 语句块中出现其他类型的异常，就写上其他类型的异常，具体请参考图 11-1"异常分类图"。

在 Java.lang 的标准包中，Java 定义了若干个异常类。比如在这节中提到的 ArithmeticException 异常类。诸如 ArithmeticException 异常类等都是 RuntimeException 的子类（从图 11-1 可以查询）。从 RuntimeException 继承下来的子类都可以被自动调用，因为 RuntimeException 在包 Java.lang 中，而包 Java.lang 被所有的 Java 程序自动引入。编译器不需要检测这些异常是否由某个方法产生或者被该方法处理了。这些异常不需要在 throws 列表中具体列出。

下面给出这些不需检测的异常类：

异　常　类	说　　明
ArithmeticException	算术错误，如被 0 除，或用 0 取模
ArrayIndexOutOfBoundsException	数组下标越界
ArrayStoreException	数组元素赋值类型不兼容
ClassCastException	非法强制转换类型
IllegalArgumentException	调用方法的参数非法
IllegalMonitorStateException	非法监控操作，如等待一个未锁定的线程
IllegalStateException	环境或应用状态不正确
IllegalThreadStateException	请求操作与当前线程状态不兼容
IndexOutOfBoundsException	某些类型索引越界，如数组下标越界
NullPointerException	非法使用空引用
NumberFormatException	字符串到数字格式非法转换
SecurityException	试图违反安全性
StringIndexOutOfBounds	试图在字符串边界之外进行索引
UnsupportedOpenrationException	遇到不支持的操作

图 11－3　Java. lang 提供的不需在 throws 列表中列出的异常类

下面给出需要在 throws 列表中列出的异常类：

异　常　类	说　　明
ClassNotFoundException	找不到类
CloneNotSupportedException	试图克隆一个不能实现 Cloneable 接口的对象
IllegalAccessException	对一个类的访问被拒绝
InstantiationException	试图创建一个抽象类或者抽象接口的对象
InterruptedException	一个线程被另一个线程中断
NoSuchFieldException	请求的字段不存在
NoSuchMethodException	请求的方法不存在

图 11－4　Java. lang 提供的需在 throws 列表中列出的异常类

11.3　使用异常 getMessage() 方法

运行“读一读 11－3”，在 try 语句块中产生的属于 ArithmeticException 类型的任何异常都会被 catch 语句块捕获。这儿可以用从 Throwable 类继承下来的 ArithmeticException 类中提供的方法 getMessage()方法来显示错误信息，请看下面的例子：

读一读 11-4

```
// MathError2.java
// 程序员 Yinfei
1:  public class MathError2
2:  {
3:       public static void main(String args[]) throws ArithmeticException
4:       {
5:            int num=60,denom=0,result;
6:           try
7:            {
8:                 result=num/denom;
9:            }
10:           catch(ArithmeticException error)
11:           {
12:                System.out.println("调用 getMessage 方法的输出结果为:"+error.get-
                   Message());
13:           }
14:      }
15: }
```

输出结果：

调用 getMessage 方法的输出结果为:/ by zero

说明：

从这个输出结果,可以知道该异常来自除数为 0 的异常。

一般在 catch 语句块中,Java 不再做捕获异常的操作。所以建议在 catch 语句块中只编写纠正所捕获的异常的语句。

读一读 11-5

```
// MathError3.java
// 程序员 Yinfei
1:  public class MathError3
2:  {
3:      public static void main(String args[]) throws ArithmeticException
4:      {
5:           int num=60,denom=0,result;
6:           try
7:           {
8:                result=num/denom;
9:           }
10:         catch(ArithmeticException error)
11:         {
```

```
12:                 System.out.println("调用 getMessage 方法的输出结果为:"+error.get-
                    Message());
13:                 System.out.println("将除数改为 5");
14:                 result = num/5;
15:                 }
16:                 System.out.println("结果为:"+result);
17:         }
18:     }
```

输出结果:

调用 getMessage 方法的输出结果为:/ by zero
将除数改为 5
结果为:12。

因为 Exceptoin 类继承了 Throwable 类,所以它就继承了 Throwable 类的一些方法,自己没有定义任何方法。Throwable 类是所有异常类或错误类的父类,所以包括将要学到的自己创建的异常类都可以继承 Throwable 类所提供的方法。下图给出了 Throwable 类提供的部分方法:

方 法 名	功 能 描 述
Throwable fillInStackTrace()	返回一个包含堆栈轨迹的 Throwable 对象,该对象可能被再次引发
Throwable getCause()	返回抛出异常的原因,如果这种原因根本不存在或者是不知名的原因,则返回空(null)
String getLocalizedMessage()	返回一个异常的局部描述
String getMessage()	返回一个异常的详细描述
Throwable initCause(Throwable cause)	将引起那个异常的原因初始化为一个指定的值,并作为 Throwable 对象返回
void printStackTrace()	显示堆栈轨迹到标准的错误流
String toString()	返回这个 Throwable 对象的一个简短描述

图 11-5 Throwable 类的方法

11.4 抛出并捕获多重异常

你可能会问:在 try 语句块中可以写几行语句?答案是:想写多少就写多少!同样,想捕获多少异常就能捕获多少异常。

注意:在 try 语句块中,假如写下了不止一行的语句,只有第一个发生异常的语句才会抛出异常;只要异常产生了,程序的执行就转到了 catch 语句块中,在 try 语句块中还没有执行完的语句将不再执行。

当在程序中包含了若干个 catch 语句块时，这些 catch 语句块将按顺序被检查，直到找到与捕获的异常相匹配的为止，然后就执行该匹配的 catch 语句块中的语句，其余的 catch 语句块将不被执行。

读一读　11-6

```
// TwoErrors.java
// 程序员 Yinfei
1:  public class TwoErrors
2:  {
3:      public static void main(String args[])
4:      {
5:          int num=13,denom=0,result;
6:          int arr[] = {1,2,3,4};
7:          try
8:          {
9:              result = num / denom;   //第一个 try
10:             result = arr[num];   //第二个 try
11:         }
12:             catch(ArithmeticException err)
13:     {
14:             System.out.println("Arithmetic 错误");
15:     }
16:     catch(IndexOutOfBoundsException error)
17:     {
18:             System.out.println("数组索引错误");
19:     }
20:     }
21: }
```

输出结果：

Arithmetic 错误

说明：

1. 在 main 主方法中抛出了两个异常——rithmeticException 和 IndexOutOfBoundsException（当数组的下标超过了该数组允许的范围就会产生 IndexOutOfBoundsException 类型的异常）。

2. 当程序执行到第一个 try 时，产生了一个 ArithmeticException 类型的异常，所以程序尝试去找含有 ArithmeticException 类型的 catch 语句块并执行该语句块中的语句，所以这里"Arithmetic 错误"信息被打印输出。在这个例子中，第二个 try 语句不再被执行，第二个 catch 语句块也被跳过。

要是想让程序执行完第一个 try 语句后再执行第二个 try 语句，那应该怎么办呢？很简单，只需对第一个 try 语句做一些小小的修改：在第一个 try 语句中，将 denom 改为非 0 数，或者将 num 和 denom 交换位置。这样，除数为 0 的情况永远不会发生。执行第一个 try 语句后也就不会抛出任何异常，接下来程序就执行第二个 try 语句。第二个 try 语句试图去访问数组中的第 13 个元素，但数组中一共只有 4 个元素。所以它就抛出了一个 IndexOutOfBoundsException 类型的异常。这时 try 语句块被终止，程序就依次去寻找与该异常匹配的 catch 语句块。所以“数组索引错误”的信息被打印输出。

能不能无论出现何种异常，都通过调用 getMessage()方法来显示错误信息呢？答案是肯定的。因为从图 11 - 1 的异常分类图上知道 ArithmeticException 类和 IndexOutOfBoundsException 类都是 Exception 的子类，所以可以调用 Throwable 类中的方法 getMessage()。

读一读　11 - 7

```
// TwoErrors1. java
// 程序员 Yinfei
1:   public class TwoErrors1
2:   {
3:       public static void main(String args[])
4:       {
5:           int num=13,denom=0,result;
6:           int arr[] = {1,2,3,4};
7:           try
8:           {
9:               result = num / denom; //第一个 try
10:              result = arr[num]; //第二个 try
11:          }
12:          catch(Exception error)
13:          {
14:              System. out. println("错误为:"+error. getMessage());
15:          }
16:      }
17:  }
```

输出结果：

错误为：/ by zero

看，实现了！

11.5　finally 语句块的使用

前面学习了 try 和 catch 语句块的使用，这里再介绍一个概念：finally 语句块。假如在执行完 try 和 catch 语句块后你还要做一些其他的事，那么就可以用到 finally 语句块。不管 try 语句块中是否有异常产生,finally 语句块中的语句都要被执行。不管前面有没有异常发生,或者异常有没有被捕获,都可以使用 finally 语句块来执行一些"大扫除"性质的任务。下面给出了使用 finally 语句块的一般格式:

```
public returnType   someMethod   throws someException
    {
        try
        {
            // 运行时可能会引起异常的代码
        }
        catch
        {
            // 用来处理该异常的语句
        }
        finally
        {
            // 即使上面没有异常发生,这里的语句都要被执行!
        }
    }
```

图 11-6 finally 语句块的一般格式

下面对图 11-2 和 11-6 两种情况进行一个比较。

在图 11-2 中,当执行 try 中的语句时,没有任何异常发生,程序的控制流将转向该方法的最后的一些语句;当有异常发生时,程序先去找到与该异常相匹配的 catch 语句块,并执行 catch 语句块中的语句,最后程序的控制流将同样转向该方法的最后的一些语句。看起来方法的最后部分语句总是要被执行的。但是至少有两种情况使得该方法的最后部分语句不被执行:

- 当一些出乎意料的异常发生时;
- 当在 try 或者 catch 语句块中包含了 System.exit();语句。

在 try 语句块中可能抛出一个异常,但在程序中没有提供该种异常的 catch 语句块。但是在程序的执行过程中,毫无防备地会发生一些异常。正如前面提到的"读一读 11-2"中的 MathError.java 例子一样。当一些未经处理的异常发生时,程序将立即停止,并向操作系统发送错误信息,接着将实施丢弃当前执行的方法。同样如果运行到 try 语句块中包含的 exit()语句,程序的执行也将立即终止。

在图 11-6 中,当方法中包含了一个 finally 语句块时,在方法被执行完前,这些包含在 finally 语句块中的语句都将被执行。大部分的 finally 语句块用来执行文件的输入和输出操作,这将在第 13 章中学习。现在只在逻辑上来说明文件的处理,请看以下示例:

读一读　11-8

```
// 程序员 Yinfei
try
{
        // 打开文件;
        //读文件;
        // 将文件中的数据放入数组;
        // 计算这些数据的平均值;
        // 显示平均值;
}
catch(IOException,e1)
{
        // 打印一个错误信息
}
finally
{
        // 假如文件被打开了,那么就关闭文件。
}
```

说明：

这个程序用来打开一个文件。假如该文件不存在或者是个空文件,那么一个异常将被抛出并被捕获。但是,因为该程序用到了数组,所以有可能会有一个数组的 IndexOutOfBoundsException 发生。在这种情况下,还是必须要做关闭该文件的操作。这里用到了 finally 语句块,可以非常自信的来关闭该文件,因为当程序的控制流交还给操作系统前先要执行 finally 语句块。不管 try 语句块中发生以下的一些情况,finally 语句块都将被执行：

- try 语句块正常执行完毕；
- 执行了某个 catch 语句块；
- 不管 try 语句块有没有完成、catch 语句块有没有执行,一个错误引发了整个方法的过早被丢弃。

提示：

假如在 try 语句块和 finally 语句块中都包含了 System. exit(),实际上真正执行该语句的是 finally 语句块,try 语句块中的 System. exit()将被丢弃。

11.6　创建自己的异常

Java 提供了超过 30 多种异常的类型,在程序中一旦出现这些异常时都可以抛出。但是,Java 不能检测到可能在程序中出现的每一个异常。比如：

➢ 当银行账号余额出现负数时,你希望声明一个异常；

➢ 当其他人想试图来访问你的电子邮件账号时,你希望声明一个异常。

在大部分的机构里,都有一些针对异常数据的指定处理规则。比如:公司员工号不能超过3个数字;或者小时工资不能低于法定的最少工资数,等等。当然,可以用if语句来处理这些潜在错误情况的发生;但是也可以通过异常来解决。也可能会问:在Java语言中没有提供现成的类似异常给你使用,那怎么说可以用异常来解决呢?答案是也可以通过创建自己的异常来解决该类问题!

> **提示**:当创建自己的异常时,该异常的名字一般都以Exception结尾。

下面来为一个聚会创建一个名为PartyException类。这个类只包含一个方法——构造方法。当然也可以在该类中列出一些成员变量或者其他的一些方法。比如说可以加一个用户化了的方法toString()来显示这个聚会的细节。为了使该例子看起来简单些,只在该类中包含一个构造方法。这个构造方法中包含一个字符串类型的参数,该字符串用来表示一个聚会的名称,比如"这是张三的聚会"、"这是李四的聚会"。同时也可以将这个字符串传给Exception父类,这样就可以来调用父类getMessage()的方法。下面给出该类的一个范例:

读一读 11-9

```
// PartyException.java
// 程序员 Yinfei
1:  public class PartyException extends Exception
2:  {
3:      public PartyException(String s)
4:    {
5:          super(s);
6:    }
7:  }
```

接下来创建一个名为Party的类,该类包含了由任何公司举行的聚会的信息。这个类包含了两个成员变量:聚会的名称和来聚会的客人的数量。这个类还包含了一个构造方法,该构造方法要求提供这两个成员变量的数据。假如客人数低于10个的话,这个聚会就不开了。因此,可以在构造方法中测试客人的人数,如果少于10个的话,程序就抛出一个PartyException类型的异常。因为这个构造方法要求一个字符串参数,所以可以将这个聚会名称作为参数传递给异常。在这种情况下,可以使用由异常类产生的错误名称了。

提示:除了自己创建的异常外,在任何时间都可以抛出任何类型的异常。比如在程序中,可以写下:throw (new RuntimeException());当然在没有一个更好理由的情况下,是不会这样做的;Java通过终止程序来处理这些运行时的异常RuntimeException。因为不可能预料到每一种可能发生的异常,所以Java的这种自动处理机制是最好的选择。下面给出Party类的范例:

读一读 11-10

```
// Party.java
// 程序员 Yinfei
1:  public class Party
```

```
2:  {
3:        String host = new String();
4:        int guests;
5:        public Party(String hst, int gst) throws PartyException
6:        {
7:              host = hst;
8:              guests = gst;
9:              if(gst < 10)
10:             {
11:                      throw(new PartyException(hst));
12:             }
13:       }
14: }
```

现在可以写一个程序来创建一些 Party 的对象。当运行程序时,可以看到那些对象产生的 PartyException 异常。

读一读　11-11

```
// ThrowParty.java
// 程序员 Yinfei
1:   public class ThrowParty
2:   {
3:        public static void main(String args[])
4:        {
5:             try
6:             {
7:                    Party first = new Party("张三",34);
8:                    Party second = new Party("李四",3);
9:                    Party third = new Party("王五",10);
10:            }
11:            catch(PartyException error)
12:            {
13:                 System.out.println("Party Error:"+error.getMessage());
14:            }
15:       }
16:  }
```

输出结果:

```
Party Error:李四
```

不应该给类创建许多额外的异常,尤其是 Java 开发环境已经包含了那些可以捕获错误的异常,额外的异常会给那些使用你的类的程序员增加复杂度。但是在适当的情况下,那些特别的异常类可以提供非常好的方法来处理一些错误情况。同时,这些特别的异常类也使你能够将一些普通的、无异常的事件从错误代码中分开来;它们也允许那些错误被传给堆栈,并被追踪到。

本章小结

本章主要介绍了异常概念。介绍了程序中产生异常后是如何通过异常处理机制来处理的;具体介绍了 try、catch、finally 等语句块在异常中的使用;还介绍了 Java. lang 中的常用异常类和 Throwable 类中的常用方法;最后还介绍了如何创建自己的异常类。

本章实训

异常处理,参见“实训部分,实训 8 Part 3”。

本章习题

1. 写一个名为 GoTooFar 的程序。在该程序中声明一个包含 5 个整数类型的数组并给这 5 个元素赋值;定义一个变量并赋值为 0,该变量用来作为指示数组的下标;写一个 try 语句块,在该语句块中通过增加下标的值来显示该数组中的元素;创建一个 catch 语句块,在该语句块中捕获 ArrayIndexOutOfBoundsException 异常,并打印“现在你走得太远了!”的错误信息。

2. Integer. parseInt()方法需要一个字符串类型的参数。编写一个程序,在该程序中试图将一个整数作为参数传递给 Integer. parseInt()方法,并试图捕获 NumberFormatExceptionError 的异常,然后将这个错误信息打印输出。

3. 编写一个程序提示用户从键盘键入一个数,然后从该数上减去 30,将得到的结果作为定义一个数组的大小;如果定义的这个数组的大小是个负数的话,程序就抛出一个异常 Exception;如果有这样的异常存在的话,编写一个 catch 语句块来捕获该异常,并将该异常在 catch 语句块中打印输出。

4. 编写一个程序,在该程序中定义一个类的实例,但并不创建它。用这个对象来调用一个方法,看是否有一个 Exception 异常产生。如果有这样的异常存在的话,编写一个 catch 语句块来捕获该异常,并将该异常在 catch 语句块中打印输出。

5. 编写一个名为 SqrtError. java 的程序,该程序用来抛出和捕获一个 ArithmeticException 异常。定义一个变量并对它赋一个值。然后对该数进行检测,假如该数是个负数,则抛出一个 ArithmeticException 异常;否则就使用 Math. sqrt()来求得该数的平方根。

6. 创建一个名为 EmployeeException 的类,该类中包含了一个构造方法,这个构造方法带有一个字符串类型的参数。这个字符串中包含了员工号和薪水。创建一个类 Employee 的类,该类包含了两个成员变量:IDNum(员工号)和 hourlyWage(小时工资)。Employee 构造方法要求提供这两个变量的值。在该构造方法中,如果小时工资低于 6 元或者大于 50 元则抛出一个 EmployeeException 类型的异常。编写一程序用来创建 3 个员工 Employee,这 3 个员工的工资分别属于大于、小于和正好在工资允许范围之内。

7. 编写一个程序来显示一个学生的学号并提示用户给该学生输入一个成绩。创建一个 ScoreException 类,如果用户输入的成绩是一个无效的数据时则抛出一个 ScoreExcep-

tion 异常类。捕获 ScoreException 类并显示适当的错误信息(成绩小于 0 或者大于 100 都属于无效的数据)。

8. 编写一程序用来显示一个学生的学号,然后要求用户输入该学生的成绩等级(成绩等级分为“A”“B”“C”“D”“E”5 等)。创建一个名为 GradeException 类型的异常类,假如用户输入的等级是个无效的数据时抛出 GradeException 异常,捕获该异常并显示一个适当的错误信息。

实训 1 面向对象分析演练

A.1.1 实训目的和要求

- 学习确定对象的方法
- 掌握图形化对象描述方法

A.1.2 实训准备与机房安排

实训使用的计算机,并提供 word 支持。

A.1.3 实训内容

采用面向对象设计方法 OOAD,设计一个图书馆管理系统。写出设计报告。

参考系统 ATM 自动取款系统分析。

A.1.4 实训参考

1. 问题域描述

某银行拟开发一个自动取款系统。储户首先在银行柜台开新账户并得到一个存折簿(该储户以前没有在该银行开设任何账户的情况下),储户可以拿着存折簿到柜台或者 ATM 做存款、取款、查询、转账等操作。拥有账号的储户可以到柜台申请领取一张信用卡,该信用卡可以到柜台或者 ATM 机上做存款、取款、查询等操作。储户可以拥有多个账户,一张信用卡与一个存折簿账号相对应。但区别是储户不能用存折簿来透支,不能到商场刷卡消费,而信用卡可以到商场刷卡消费,可以透支,但有一定限额。如果一张信用卡出现透支现象但还没超出它的透支限额时,系统会提示用户及时将钱存到该信用卡上去;如果消费额超出了透支限额,则系统拒绝用户的透支消费行为。

可以用下图来表示这个案例:

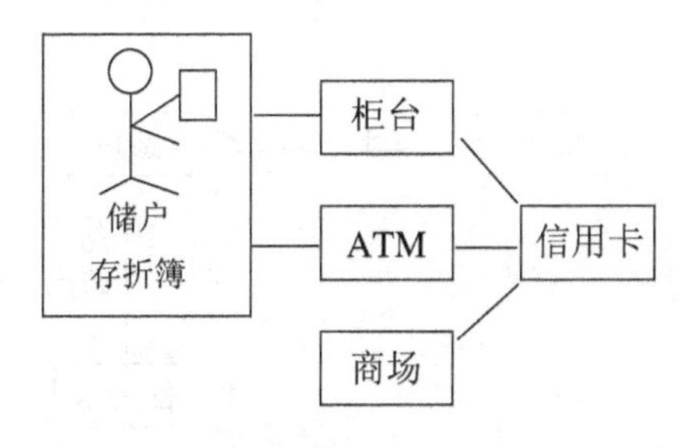

2. 找出对象

按照已经介绍5种确定对象的方法，找出问题域中对象(类)：

名词作为对象(类)候选者，形容词作为确定属性的线索，把动词作为关联或服务(操作)的候选者。可以挑出很多名词和动词，但要把无关紧要的词要从系统中剔除。一旦找到对象(类)，就可以找出他们所包含的属性。找到以下对象(类)：

储户、账户、信用卡

3. 分析关联，确定操作，画出对象(类)图

从关联关系分析出对象(类)需要提供的操作或服务。在问题域中使用的描述性动词或动词词组，通常表示关联关系。由此，初步找出了以下一组关联：

- 储户首先在银行柜台开新账户并得到一个存折簿；
- 储户可以到柜台申请领取一张信用卡；
- 储户可以拿着存折簿到柜台或者ATM做存款、取款、查询、转账等操作；
- 信用卡可以到柜台或者ATM机上做存款、取款、查询等操作；
- 储户可以拥有多个账户；
- 储户拥有账户；
- 信用卡可以到商场刷卡消费；
- 系统会提示用户及时将钱存到该信用卡上去；
- 系统拒绝用户的透支消费行为。

虽然列出了这么多关联，但其中有部分关联对系统是没有用的，可以将它们删除。筛选关联原则是：

已删去的类之间的关联 如果在分析确定对象的过程中已经删掉了某个候选对象，则与这个对象有关的关联也应该删去，或用其他对象重新表达这个关联；

与问题无关的或应在实现阶段考虑的关联 应该把处在问题域之外的关联或与实现密切相关的关联删去；

瞬时事件 如ATM系统中的"ATM读现金兑换卡"描述了ATM与储户在交互时的一个动作，并不是ATM与现金兑换卡之间的固有关系，所以应删除；

三元关联 3个或3个以上对象之间的关联，大多可以分解为二元关联或用词组描述成限定关联；

派生关联 应该删掉那些可以用其他关联定义的冗余关联。

初步画出对象(类)图：

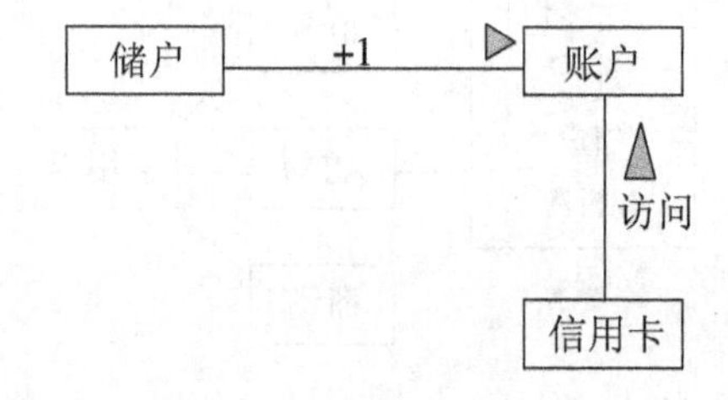

4. 划分主题,确定属性

在开发大型、复杂系统的过程中,为了降低复杂程度,人们习惯于把系统再进一步划分成几个不同的主题,也就是在概念上把系统包含的内容分解成若干个范畴。注意:应该按问题领域而不是功能分解方法来确定主题。此外,应该按照使不同主题内的对象相互间依赖和交互最少。

ATM系统比较简单,所以就把ATM划分成1个主题:

ATM:信用卡、储户几个类。

有了这个主题后,可以确立各个对象(类)的属性:

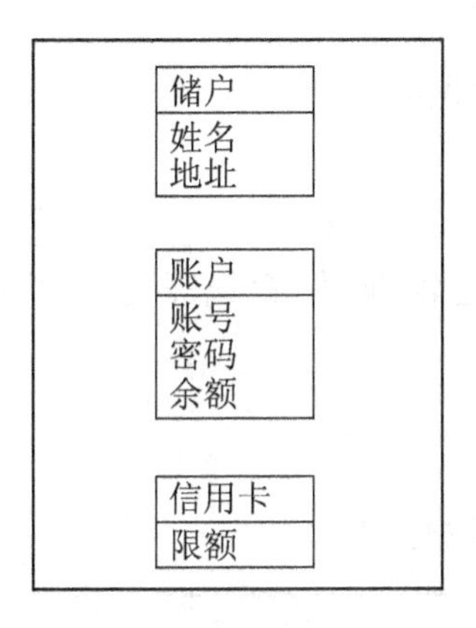

5. 分析继承机制,确定对象(类)组织结构

确定每个对象(类)属性和操作后,利用继承机制共享公共性质,系统中众多的类加以组织。一般来说,可以使用两种方式建立继承关系。

自底向上　抽象出现有类的共同性质"泛化出"父类,这个过程实际上模拟了人类归纳思维过程。

在ATM系统中,"远程事务"和"柜员事务"是类似的,可以泛化出父类"事务"。可以从"ATM"和"柜员终端"泛化出父类"输入站"。

自顶向下　把现有类细化成更具体的子类,这个过程实际上模拟了人类演绎思维过程。从应用领域中常常能明显看出应该做的自顶向下的具体化工作。

这是ATM系统中的继承关系图:

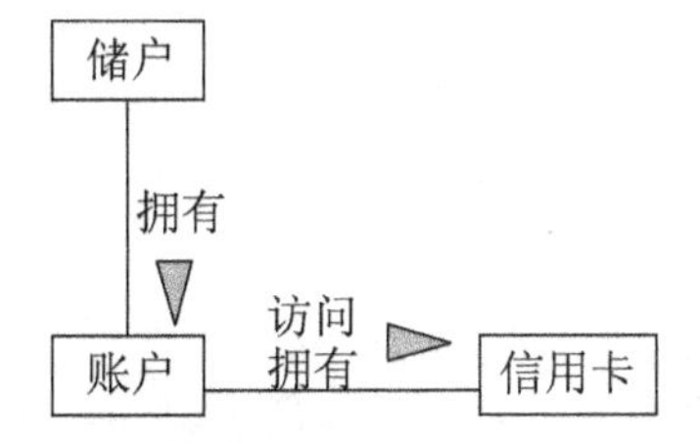

由于面向对象的概念和符号在整个开发过程中都是一致的,因此远比使用结构分析、设计技术更容易实现反复修改、逐步完善的过程。对于比较大的系统,其实还要进一步做些修改。但在这个案例中,由于模拟的系统不大,所以就不做进一步修改了。

6. 基本系统模型

确立 ATM 系统的基本系统模型，如下所示：

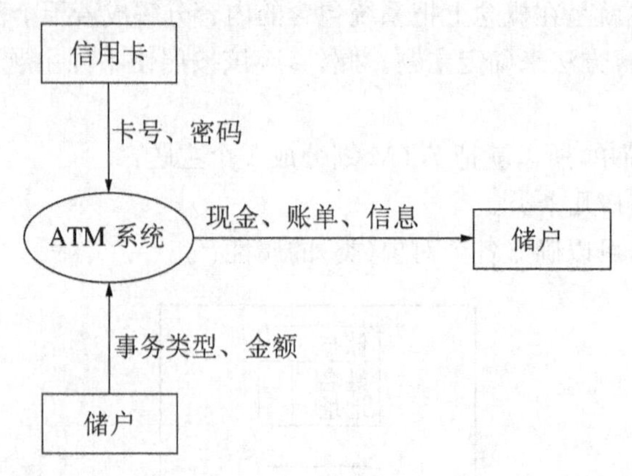

这里的“事务类型”指的是查询、取钱、存钱等类型，通常称这些功能的集合为“更新账户”。

7. 功能描述

下面给出对更新账户功能的描述图：

对更新账户功能的描述：
更新账户（账号、事务类型、金额）──→现金额、账单数据、信息： 1）如果取款额超过账户当前余额或者在透支限额之外，拒绝该事务且不付出现金。 2）如果取款额不超过账户当前余额或者在透支限额范围之内，从余额中减去取款额后作为新的余额，付出储户要取的现金。 3）如果事务是存款，把存款额加到余额中得到新的余额，不付出现金。 4）如果事务是查询，不付出现金。
说明：在上述任何一种情况下，账单内容都是：账号、事务类型、新余额。

介绍到这里，应该对如何将现实生活中的事例抽象出面向对象中的类的概念有所了解了。

8. 请仿照上面 ATM 系统分析，分析一下图书馆管理系统。

实训 2　熟悉 BlueJ 的编程环境

A. 2. 1　实训目的和要求

- 熟练配置 PATH 和 CLASSPATH 两个环境变量
- 熟练掌握在 BlueJ 中编辑、编译和运行 Java 程序

A. 2. 2　实训准备与机房安排

1）实训使用的计算机应能够登录互联网，并有充足的硬盘空间供下载和安装 JDK 软件系统。

2）所有 Java 实训将在预定的实验机房进行。

3）除了安排的实验时间外，如果机房有空闲时，鼓励学生使用机房资源上机多做实验。

4）学生也可以在家使用计算机完成实验作业。在家用电脑上，可以在 Windows PC、Apple Macintosh、Linux 或其他操作系统下运行 Java 程序。教师可以给学生提供一些怎样在这些操作系统下运行程序的细节。

A. 2. 3　实训内容

1）下载能安装在 Windows95/98/2000/XP、UNIX 和 Linux 等操作系统类型中的Java2 SDK 程序。

2）下载完成后，在所用的计算机上安装 Java2 SDK 开发工具。

3）配置运行 Java 程序所必需的环境变量 PATH 和 CLASSPATH。

4）参照教科书中的内容和 JDK 帮助文档，熟悉 Java2 SDK 系统的安装目录 bin 子目录中的各个应用程序的使用方法，如 Javac、Java 等。

5）下载并安装 BlueJ 程序（具体细节参见本书第二章）。

6）在 BlueJ 中编写第一个 Java 程序，然后进行编译和运行。

A. 2. 4　实训步骤（以操作系统 Windows XP 为例）

1. 熟悉编程环境

1）到http://java.sun.com 网站下载所需 Java2 SDK 最新版本安装程序到本地硬盘中（以 j2sdk1.4.2 为例）。

2）双击该安装程序图标，启动该安装程序运行。按照提示可将 Java2 SDK 安装在 Windows XP 操作系统环境中。

3）配置运行 Java 程序所需的环境变量：

- c:\j2sdk1.4.2\bin
- c:\ j2sdk1.4.2\jre\bin
- 这些环境变量需定义在 Windows 操作系统的 PATH 和 CLASSPATH 环境变量中。

4）启动一个 MS-DOS 窗口（Windows 系统下：开始——所有程序——附件——命令提示符），在命令行中输入如下命令：

c:\javac

该命令执行后出现如图所示：

```
C:\j2sdk1.4.2>cd bin

C:\j2sdk1.4.2\bin>javac
Usage: javac <options> <source files>
where possible options include:
  -g                         Generate all debugging info
  -g:none                    Generate no debugging info
  -g:{lines,vars,source}     Generate only some debugging info
  -nowarn                    Generate no warnings
  -verbose                   Output messages about what the compiler is doing
  -deprecation               Output source locations where deprecated APIs are u
ed
  -classpath <path>          Specify where to find user class files
  -sourcepath <path>         Specify where to find input source files
  -bootclasspath <path>      Override location of bootstrap class files
  -extdirs <dirs>            Override location of installed extensions
  -d <directory>             Specify where to place generated class files
  -encoding <encoding>       Specify character encoding used by source files
  -source <release>          Provide source compatibility with specified release
  -target <release>          Generate class files for specific VM version
  -help                      Print a synopsis of standard options


C:\j2sdk1.4.2\bin>
```

图 A-1

然后执行命令：c:\>java

该命令执行后出现如图所示：

```
    -cp <class search path of directories and zip/jar files>
    -classpath <class search path of directories and zip/jar files>
                  A ; separated list of directories, JAR archives,
                  and ZIP archives to search for class files.
    -D<name>=<value>
                  set a system property
    -verbose[:class|gc|jni]
                  enable verbose output
    -version      print product version and exit
    -showversion  print product version and continue
    -? -help      print this help message
    -X            print help on non-standard options
    -ea[:<packagename>...|:<classname>]
    -enableassertions[:<packagename>...|:<classname>]
                  enable assertions
    -da[:<packagename>...|:<classname>]
    -disableassertions[:<packagename>...|:<classname>]
                  disable assertions
    -esa | -enablesystemassertions
                  enable system assertions
    -dsa | -disablesystemassertions
                  disable system assertions

C:\WINDOWS\Desktop>_
```

图 A-2

出现以上信息，表示 Java2 SDK 工具软件已经正常安装在计算机系统中，并且已经正确配置了编译和运行 Java 程序所需的系统环境变量。

5）下载并安装 BlueJ 工具软件。

6）打开 BlueJ，创建一个项目，名为 Lab1Project，然后创建一个类，取名为“MyFirstJava”，然后在该类中输入以下代码：

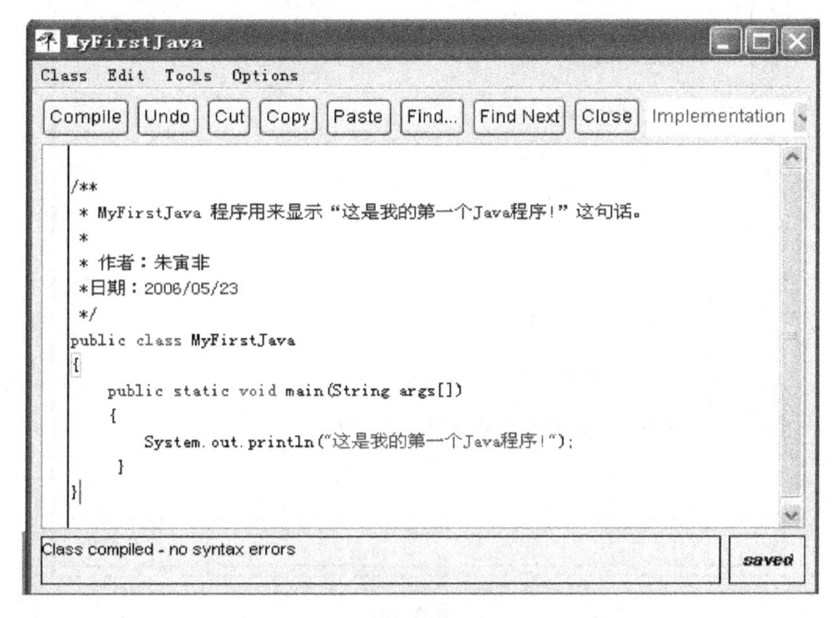

图 A－3

7）点击“Compile”按钮，然后运行该程序，得到如下结果：

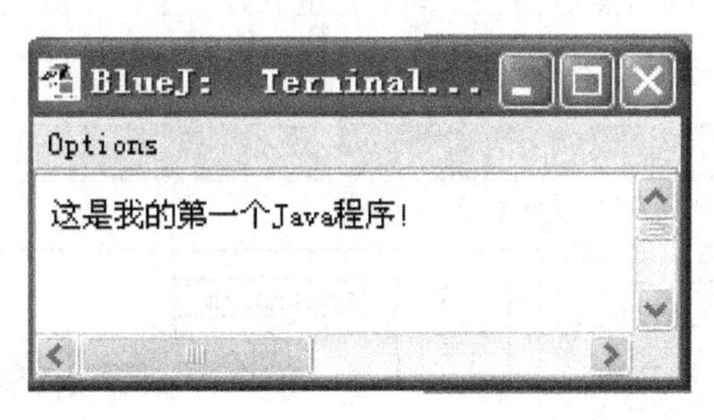

图 A－4

至此已经学会了在 BlueJ 中怎么编写、编译和运行 Java 程序。

2. 使用 BlueJ 的快捷方式创建指定类的对象

已知道 Java 是一种面向对象的编程语言，一个 Java 程序是由一些类和相应的对象组成的，那么怎么使用 BlueJ 的一些快捷方式来创建指定类的对象呢？怎么通过刚才创建的对象来调用一些方法呢？请按照下面的步骤来操作：

第一步　请在刚才创建的类中加入两个方法，如下图所示：

图 A-5

第二步 打开下图所示的窗口，然后右击类 MyFirstJava 图，选择第一个选项来创建该类的对象，对象名取作 obj1，然后会在 BlueJ 的左下方产生一个红色的图标，该图标表示对象 obj1：

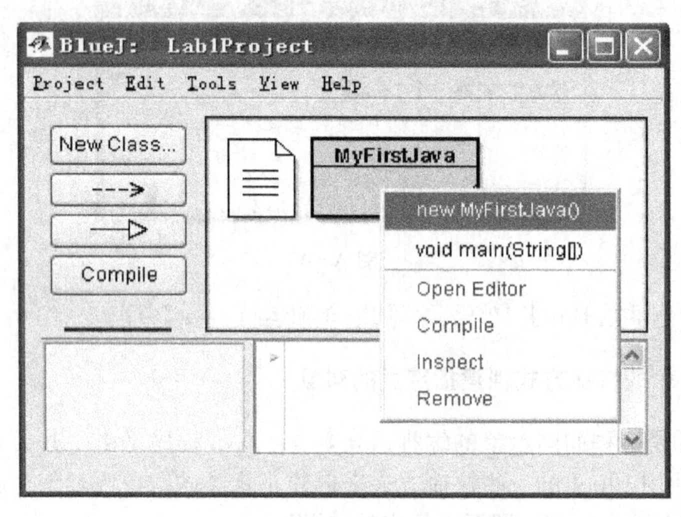

图 A-6

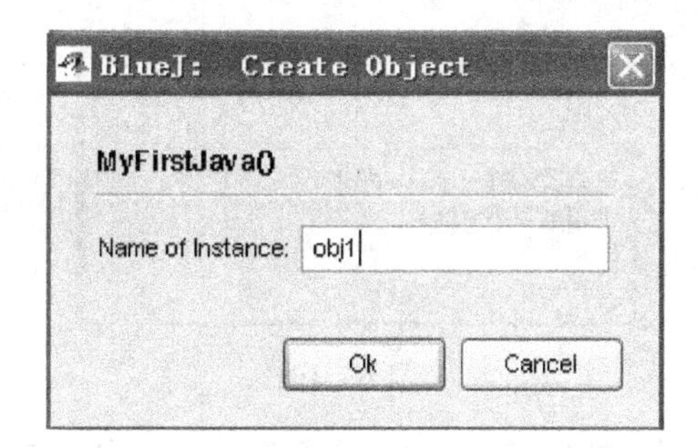

图 A－7

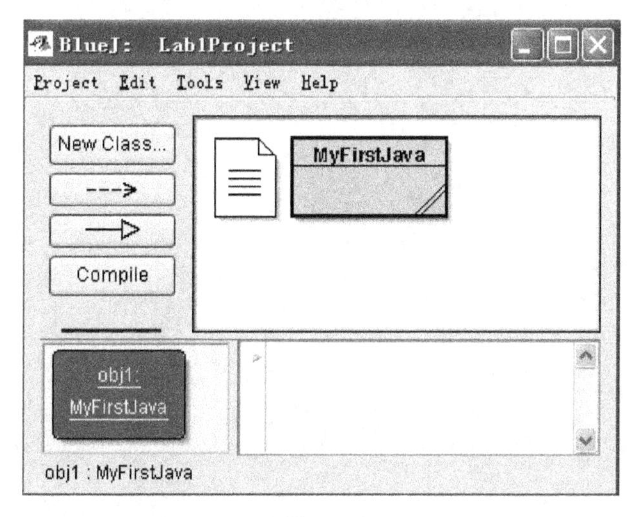

图 A－8

第三步　右击 obj1 对象可以选择调用包含在 obj1 对象所属类中的方法，如下所示：

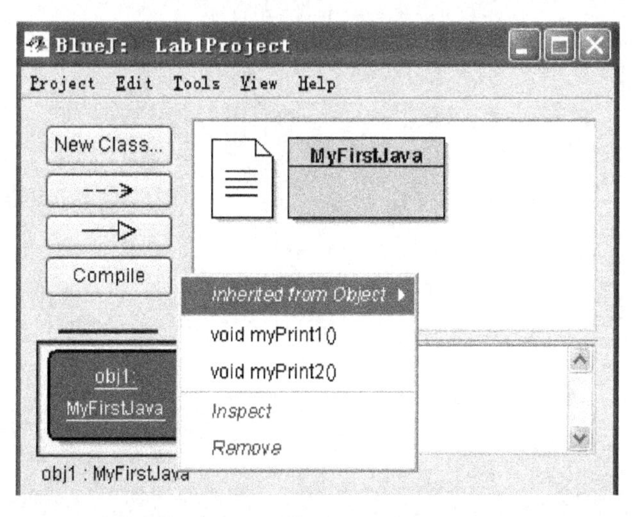

图 A－9

第四步　选择运行 myPrint1()方法，那么得到如下结果：

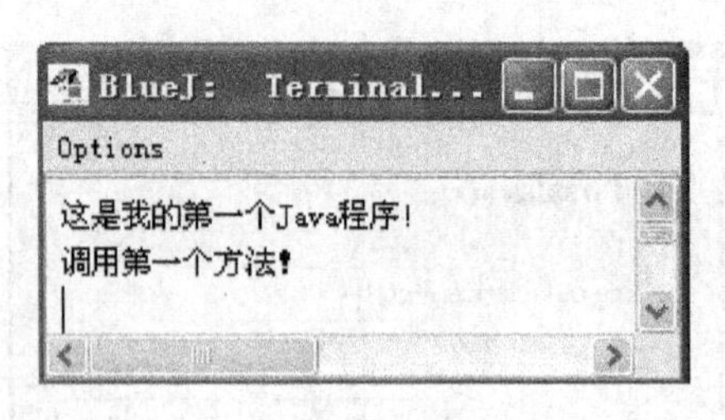

图 A-10

当然 BlueJ 的功能还不止这些,其他的功能希望同学们自己去尝试并发现,就会觉得在 BlueJ 中编写 Java 程序很简单!

实训 3　第一个 Java 程序

A.3.1　实训目的和要求

- 对 int、double、String 等几种基本数据类型变量的声明；
- 给变量进行赋值；
- 使用 print()和 println()方法将信息在屏幕上显示输出；
- 编写 Java 语句来进行算术运算。

A.3.2　实训准备

在进入机房前，应该做到以下几点：

- 仔细阅读本次实训的具体要求；
- 阅读相关的课堂笔记及教材的相关部分；
- 提前对所要编写的程序进行设计以及编码，上实训课时，只需将已设计好的相关代码键入计算机，然后对该代码进行测试和纠错，可以节省大量的机房上机时间。

A.3.3　实训内容

本实训要求学生写出两个程序，程序名分别为 LabPlanner 和 CircleArea。

1. LabPlanner 程序

1）实训要求简介：编写一个程序，帮助一个著名大学对 Java 这门课的实训上机机房进行安排。将此程序取名为 LabPlanner.java。这个程序提供 3 个数据(由学生自己给定，但必须合理)：计划选修这门课的人数(expectedNum)、实际选修这门课的人数(actualNum)以及一个实训室一次所能容纳的人数(labSize)。程序运行结果要求能显示该课程的名称、expectedNum、actualNum、labSize 以及计划所需的实训室个数(planLabNum)和实际所需的实训室个数(actualLabNum)。

2）这是输出结果的一个范例：

```
Java 注册人数 2006
计划注册的人数：          240
实际注册的人数：          210
每个实验室容纳的人数：    30
```

```
计划所需实验室个数:        8
实际所需实验室个数:        7
```

3）下面给出程序的框架,需要学生填入具体细节的代码(此框架仅作参考,学生可以选用自己的设计方法)。

```
/**
 * 程序名:LabPlanner
 * 程序员:
 * 学号:
 * 日期:
 * LabPlanner 程序来根据选修 Java 这门课的学生人数
 * 来计算所需机房的个数

public class LabPlanner
{
    public static void main(String args[])
    {
            //请在这里写下你的代码
    }
}
```

4）提示:在程序体内,你需要完成以下几点:

➢ 首先声明“计划选修这门课的人数”、“实际选修这门课的人数”、“一个实训室一次所能容纳的人数”、“计划所需的实训室个数”和“实际所需的实训室个数”(注意给他们取有意义的变量名,部分变量名在实训简介中已给出);

➢ 给 expectedNum、actualNum、labSize3 个变量赋 3 个值,类型为 int 类型;

➢ 计算计划所需的实训室个数和实际所需的实训室个数;

➢ 显示并显示结果。

2. CircleArea 程序

问题域描述:该程序要求学生编写代码来实现在已知半径 r 和 PI 的前提下求出圆的面积和周长。假设将 PI 取为 double 类型的值 3.14。请同学自己来搭建类的框架并编码实现该功能(假设给圆面积变量取名为“s”,周长为“c”)。

注:圆面积公式为:s=PI * r * r,周长公式为:c = 2 * PI * r。

A.3.4 实训报告格式

➢ 第一部分:实训题目

➢ 第二部分:用语言文字写下个人设计思路(流程图或者 N-S 图)

- 第三部分:整个源程序代码
- 第四部分:运行结果
- 第五部分:实训中碰到的问题以及如何解决的

实训4　分支结构和循环结构

A.4.1　实训目的和要求

➢　在本次实训中，请使用分支和循环语句编写程序。本实训由两部分组成，分别完成 Part 1 和 Part 2 实现分支和循环这两种结构；

➢　通过本次实训，使学生熟练掌握流程控制中的分支结构和循环结构，能做到运用自如，各种结构之间的互相转换。同时巩固复习简单数据类型、运算符、表达式等；

➢　提前对所要编写的程序进行设计以及编码，上实训课时，只需将已设计好的相关代码键入计算机，然后对该代码进行测试和纠错，可以节省大量的机房上机时间；

➢　在本次实训中，将重点学会两种流程控制结构：choice(if)和 loop (while)。

A.4.2　实训准备

在进入机房前，应该做到以下几点：

➢　仔细阅读本次实训的大纲及要求；

➢　阅读相关的课堂笔记及教材的相关部分；

➢　对 StudentData 和 SquaresTable 程序进行设计以及编码。

A.4.3　实训内容

本次实训要求学生完成 2 个程序，具体内容如下：

1. Part 1

1) 实训要求简介：要求程序名称为 StudentData. 它需要学生设计这个程序来从键盘上输入一个学生的姓名以及 Java 这门课的成绩，并且判断该同学是否通过了这门课程，最后显示并显示这些信息(这里假设 60 分为及格的分界线)。

2) 这是输出结果的一个范例：

```
  请输入姓名:Mike
  请输入成绩:90
Student Data
==================
  姓名:      Mike
  成绩:      90
  状态:      及格
```

3）下面给出程序的框架，需要学生填入具体细节的代码（此框架仅作参考，学生可以选用自己的设计方法）。

```
/**
 * 程序名：LabPlanner
 * 程序员：
 * 学号：
 * 日期：
 * StudentData 这个程序用来从键盘上读入一个学生的姓名和他
 * 所学 Java 这门课的成绩，根据他的成绩来判断他是否通过了
 * 这门课。
 */
public class StudentData
{
    public static void main(String args[])
    {
            //请在这里写下你的代码
    }
}
```

4）在此先假设所输入的姓名和成绩都是正确的（今后将学习怎么处理错误输入），比如说所输入的成绩只包括数字且它的范围在 0 到 100 之间。如果程序运行正常后，请试着做一些错误的输入，看看将会出现什么情况。

2. Part 2

1）简介实训要求：这个程序的名称为 SquaresTable. 它需要学生设计这个程序来从键盘上输入两个整数，minimum 和 maximum. 其中 minimum 必须是大于等于 0 的整数，并且 maximum 必须大于 minimum. 然后把从 minimum 和 maximum 之间的每个数的平方以及该数的平方根显示并显示出来。

2）这是输出结果的一个范例：

```
请输入第一个整数(这个数必须是非负整数)=1
请输入第二个整数(这个数要比第一个数 1 大)=4
整数   平方   平方根
=====================================
1      1      1.0
2      4      1.4142135623730951
3      9      1.7320508075688772
4      16     2.0
=====================================
```

3）下面给出程序的框架，需要学生填入具体细节的代码（此框架仅作参考，学生可以选

用自己的设计方法)。

```
/* *
 * 程序名:LabPlanner
 * 程序员:
 * 学号:
 * 日期:
 * SquaresTable 用来让用户从键盘上输入两个整数,然后求出
 * 这两个数之间(包括这两个数)的每个整数的平方和平方根。
 */
public class SquaresTable
{
public static void main(String args[])
{
        //请在这里写下你的代码
}
}
```

4) 在这里,可以参考以下几点:

- 输入一个大于等于 0 的最小数并存入变量;
- 输入一个大于这个最小数的最大数并存入变量;
- 使用循环结构显示每个数的平方和平方根;
- 平方根可用 Math. sqrt(x)求得。

A. 4. 4 实训报告格式

同实训 3 格式。

实训 5 类与对象

A.5.1 实训目的和要求

➢ 在本次实训中，写一个新版本的、区别于实训 3 的 StudentData 程序和实训 4 的 StudentData1 程序。假设命名为 StudentData2。采用不同类之间的方法调用来实现；

➢ 通过本次实训，使学生能初步学会定义类、在类的基础上创建对象实例以及如何创建构造方法；

➢ 提前对所要编写的程序进行设计以及编码，上实训课时，只需将已设计好的相关代码键入计算机，然后对该代码进行测试和纠错，可以节省大量的机房上机时间；

在本次实训中，将重点学会：

➢ 定义类和方法；

➢ 巩固前面章节所学的知识。

A.5.2 实训准备

在进入机房前，应该做到以下几点：

➢ 仔细阅读本次实训的大纲及要求；

➢ 阅读相关的课堂笔记及教材的相关部分；

➢ 对 StudentData2 程序进行设计以及编码。

A.5.3 实训内容

实训要求简介：这个实训需要学生改写实训 3 的 StudentData 程序，但实现相同的功能，那就是输入学生姓名和成绩，显示该学生是否通过该门课程。

这里将用到两个类：

1) Student 类。包括一个构造方法和一个被称作 GetResult 的方法；通过构造方法来初始化 Student 类的一些属性；GetResult 方法用来判断 Student 类的对象是否通过所修课程；

2) StudentData2 类。包括一个 main 方法。在该方法中创建 2 个 Student 类型的对象，并分别调用GetResult()方法；

3) Student 类包含学生姓名和成绩两个私有变量(属性)；

4) Student 类的构造方法用来对 Student 类的两个属性设置值；

5) 在 Student 类中包含了 GetResult()方法，该方法用来计算 Student 类的对象所修课及格与否并显示相关信息。

这是输出结果的一个范例：

```
Enter Name：Yinfei
Enter Mark：  80
Enter Name：Mike
Enter Mark：  40
Yinfei has passed!
Mike has failed!
```

下面给出程序的框架，需要学生填入具体细节的代码(此框架仅作参考，学生可以选用自己的设计方法)。

```
/**
 * 程序名：StudentData2
 * 程序员：
 * 学号：
 * 日期：*
 * StudentData2 用来创建 Student 类的对象并调用 Student 类中的方法。
 */
import java.io.*;
public class StudentData2 {
  public static void main (String[] args) throws IOException {
  // 创建两个 Student 类型的对象，两个对象的属性分别从键盘上
// 读入，并通过调用构造方法进行参数的传递；
  // 通过两个你刚才创建的对象来调用 Student 类中的 GetResult()
// 方法。
  }
}
class Student {
// 定义姓名和成绩两个属性；
// 创建构造方法用来对两个属性进行设置；
// 创建 GetResult()方法；
}
```

编程建议：在这里需要考虑通过 3 个步骤去完成这个程序：

1) 首先创建 Student 类：

➢ 定义私有变量；

➢ 为类创建构造方法；

➢ 通过对 GetResult 方法的创建来计算及格与否(需要考虑怎样来实现这个GetResult方法，提供给其他类中的 main 方法调用)。

2) 创建 StudentData2 类。包括 main()方法。main()方法用来创建对象，调用

GetResult()方法。

3）创建更多的对象。到目前为止这个程序允许用户输入两个学生的信息。如果它可以成功运行，修改主程序以便允许通过使用循环来让用户输入更多学生的信息。

A.5.4　实训报告格式

同实训 3 格式。

实训 6 类成员

A.6.1 实训目的和要求

➢ 在本次实训中，要写两个程序。首先要写一个新版本的、区别于实训 3 的 StudentData的程序，命名为 StudentData1. java，通过方法调用来实现相同的功能；其次，要写一个名为 FormularDemo. java 的 Java 程序，在该程序中通过递归来求解一个数学公式；

➢ 通过本次实训，使学生能初步学会方法的定义，以及如何来调用方法；

➢ 本次实训也是使学生对控制结构：选择(if)和循环(loop)等知识的复习和巩固；

➢ 提前对所要编写的程序进行设计以及编码，上实训课时，只需将已设计好的相关代码键入计算机，然后对该代码进行测试和纠错，可以节省大量的机房上机时间。

A.6.2 实训准备

在进入机房前，应该做到以下几点：

➢ 仔细阅读本次实训的大纲及要求；

➢ 阅读相关的课堂笔记及教材的相关部分；

➢ 对 StudentData1 和 FormularDemo 程序进行设计以及编码。

A.6.3 实训内容

1. Part 1

1) 实训要求简介：本实训要求学生改写实训 3 的 StudentData 程序，但仍然实现相同的功能，那就是输入学生姓名和成绩，屏幕显示该学生是否通过该门课程。但要求在这个程序中用到两个方法 main()主方法和 getResult()方法：

➢ main ()主方法中用来输入学生的姓名和成绩；

➢ getResult()方法用来根据输入的姓名和成绩来判断该学生是否通过该门课程并显示相关信息。

2) 这是输出结果的一个范例：

```
如果你输入的姓名为 EXIT 时，整个程序就马上终止！

请输入学生姓名：Yinfei
```

```
请输入学生成绩:99
***Yinfei 的成绩是 99.0 成绩及格!

请输入学生姓名:Mike
请输入学生成绩:55.6
***Mike 的成绩是 55.6 成绩不及格!

请输入学生姓名:exit
程序运行结束!
```

3）下面给出程序的框架，需要学生填入具体细节的代码（此框架仅作参考，学生可以选用自己的设计方法）。

```
/**
 * 程序名: StudentData1
 * 程序员:
 * 学号:
 * 日期:*
 * StudentData1 用来重复让用户在 main()主方法中从键盘输入学生
 * 姓名和成绩,然后调用 getResult()方法来显示该学生是否通过该
 * 门课。当用户输入学生姓名为"exit",程序将终止!
 */

import java.io.*;
public class StudentData1{
  public static void main (String[] args) throws IOException {
         //定义两个变量 name 和 mark 分别来代表学生姓名和成绩

         while(true)
         {
             // 输入学生的姓名并判断是否为"exit"如果是则
             // 跳出该循环体
             // 输入学生成绩,如果该成绩是在 0 和 100 之间
             // 则调用 getResult()方法,否则提示重输
         }
  }
  public static void getResult () {
     // 方法体
  }
}
```

2. Part 2

1) 实训要求简介：数学老师要求编写一个 Java 程序，名为"FormularDemo. java"，来求解下面的一个公式。

提示：用递归方法来求解比较简单！

$$P_n(x)= \begin{cases} 1 & (n=0) \\ x & (n=1) \\ ((2*n-1)*x*P_{n-1}(x)-(n-1)*P_{n-2}(x))/n & (n>1) \end{cases}$$

（x 为 int 类型）

2) 在这个程序中需要编写 main()主方法和 pMethod()方法：

➢ main()主方法用来让用户从键盘输入一个整数，然后调用 pMethod()方法来求得取 x 时 P 的值；

➢ pMethod()方法用来接受通过参数传来的整数，求得 P 的值，并将结果返回。

3) 这是输出结果的一个范例：

```
请输入 n 的值:2
请输入 x 的值:4
结果为:23
```

4) 这是程序的框架，需要学生填入具体细节的代码(此框架仅作参考，学生可以选用自己的设计方法)。

```
/**
 * 程序名：FormularDemo
 * 程序员：
 * 学号：
 * 日期：*
 * FormularDemo 用来计算数学上的函数。
 */
import java.io.*;
public class FormularDemo {
        public static void main (String[] args) throws IOException {

                // 输入 n 和 x 的值
                int result=pMethod(n,x);
                System.out.println("结果为:"+result);
        }
```

```
        public static int pMethod(int n,int x)
            {
              // 实现递归方法
            }
    }
```

A.6.4　实训报告格式

同实训 3 格式。

实训 7 类的封装与继承

A.7.1 实训目的和要求

➢ 通过此次实训，使学生能熟练定义类、创建事例、构造方法以及掌握类的继承性这一重要特征；

➢ 通过此次实训，也使学生对以前知识的巩固；

➢ 提前对所要编写的程序进行设计以及编码，上实训课时，只需将已设计好的相关代码键入计算机，然后对该代码进行测试和纠错，可以节省大量的机房上机时间；

➢ 在本次实训中，将重点学会：

定义类、构造方法以及方法之间的调用；

如何活用类的继承性。

A.7.2 实训准备

在进入机房前，应该做到以下几点：

➢ 仔细阅读本次实训的大纲及要求；

➢ 阅读相关的课堂笔记及教材的相关部分；

➢ 对程序进行设计以及编码。

A.7.3 实训内容

实训要求简介：在本次实训中，用Java为某银行写两个程序，用它们来为某新客户开设一个账号，用户可以用此账号存、取钱。该实训由两部分组成：

1. Part 1

1) 这个程序包括两个类，第一个类Account，用来定义一个银行账号的基本属性和操作，第二个类AccountDemo，用来创建Account类型的对象，并通过这些对象进行模拟存款、取款和查询账号信息等操作。

2) Account类主要包括姓名(name)、账号(accNum)和余额(balance)3个属性。它还包括4个方法：Account()的构造方法用来对属性进行设置初始值；withdraw()方法用来向指定账号取款；deposit()方法用来向指定账号存款；一个显示账号信息的display()方法。当所取的钱大于存款时，发出拒绝取钱的信息，反之则可以取钱。

3) 这是输出结果的一个范例：

```
请为 Yinfei 开个账户！
姓名：  Yinfei
账号：1
余额：  $400.0

存款额：500.0
姓名：  Yinfei
账号：1
余额：  $900.0

取款额：300.0
姓名：  Yinfei
账号：1
余额：  $600.0

存款额：400.0
姓名：  Yinfei
账号：1
余额：  $1000.0

取款额：1100.0
余额不足!!!
```

4）下面给出程序的框架，需要学生填入具体细节的代码（此框架仅作参考，学生可以选用自己的设计方法）。

```
class Account{
// 属性
// 定义构造方法 Account;
// 定义 withdraw 方法;
// 定义 deposit 方法;
// 定义 display 方法;
}
public class AccountDemo{
    public static void main(String args[]){
  // 创建 Account 类型的对象 one;
        // 通过 one 对象来调用 withdraw()、deposit()、和 display()
}
}
```

2. Part2

在 Account 类的基础上，再另外创建一个称作 CheckingAccount 的类。实际上 CheckingAccount 是 Account 的子类，它继承 Account 父类的变量和方法，但又创建了它自身特有的一些方法和变量。具体要求如下：

1）在这个程序中，一个新开的账户，它的钱由两部分组成，一部分是余额，称作 balance（就是在 Account 类中的 balance），另外一部分称为 limit 的限额。在开账户时，必须放 500 元在 limit 里。当每次存钱时，钱被放入 balance 里。当取钱时，先从 balance 里扣。如果 balance 里不够时，再从 limit 里扣，同时提醒透支信息。如果超出了 limit 里的钱，那么显示拒绝取钱的信息。所以在 CheckingAccount 这个类中，同样存着两个有别于 Account 类中的 deposit 和 withdraw 的方法。

➢ 在 deposit 方法中，需要分析 3 种情况：透支＝0，透支＞＝该次存的钱，透支＜该次存的钱；

➢ 在 withdraw 方法中，也需要分析 3 种情况：取的钱＜＝balance 里的钱、取的钱＞balance＋limit－透支的钱、balance＜取的钱＜ balance＋limit－透支的钱。

当然也有一个 main 方法，用来建立一个新用户。然后通过调用 withdraw 和 deposit 方法做一些存钱和取钱的操作实例。

2）这是输出结果的一个范例：

```
请为 Yinfei 开个账户！
姓名： Yinfei
账号：1
余额： $1000.0

存款额：200.0
姓名： Yinfei
账号：1
余额： $1200.0

取款额：1200.0
姓名： Yinfei
账号：1
余额： $0.0

取款额：500.0
余额不足!!!

存款额：300.0
姓名： Yinfei
账号：1
```

```
余额：　$ 300.0

取款额：100.0
姓名：　Yinfei
账号：1
余额：　$ 200.0

存款额：400.0
姓名：　Yinfei
账号：1
余额：　$ 600.0
```

3）下面给出程序的框架，需要学生填入具体细节的代码（此框架仅作参考，学生可以选用自己的设计方法）。

```
class CheckingAccount extends Account{
        // 定义 CheckingAccount 类的 2 个属性 overdraft 透支和 limit 限额

        public CheckingAccount(String cust_name, int num, double init_deposit){
                // 调用父类的构造方法
                limit=500;
        }
        // 重写父类中的 deposit 方法
        // 重写父类中的 withdraw 方法
}
```

A.7.4　实训报告格式

同实训 3 格式。

实训8 数组、字符串和异常

A.8.1 实训目的和要求

➢ 通过此次实训，使学生能熟练掌握数组和字符串等复合数据类型，以及在Java语言中的异常处理机制；

➢ 在此次实训中，学生对Java语言中的循环结构得到进一步的认识和巧妙运用；

➢ 提前对所要编写的程序进行设计以及编码，上实训课时，只需将已设计好的相关代码键入计算机，然后对该代码进行测试和纠错，可以节省大量的机房上机时间；

➢ 在本次实训中，将重点学会：

一维数组的定义和应用；

字符串的表示、生成方法，以及对字符串的访问和修改并且对字符串的比较、转化等操作。

A.8.2 实训准备

在进入机房前，应做到以下几点：

➢ 仔细阅读本次实训的大纲及要求；

➢ 阅读相关的课堂笔记及教材的相关部分；

➢ 对程序进行设计以及编码。

A.8.3 实训内容

实训要求简介：本次实训由3部分组成，分别编制3个小程序，它们分别对应于数组、字符串和异常处理这3部分内容。Part 1命名为ArrayTest程序，Part 2命名为StringTest程序，Part 3命名为ServerException程序。下面分别对这3部分作详细解释：

1. Part 1

1）命名ArrayTest程序，定义一个称作ArrayTest的类。该程序随机产生10个数放在一个数组中，然后找出其中的最大值和最小值，并且把该数组分成分别存放奇数和偶数的两个子数组。

2）这是输出结果的一个范例：

```
由计算机随机产生的10个数为：
2 8 1 5 0 4 4 1 6 2
```

```
在这个数组中最大的数为：8
在这个数组中最小的数为：0
偶数数组为：
2 8 0 4 4 6 2
奇数数组为：
1 5 1
```

3）下面给出程序的框架，需要学生填入具体细节的代码（此框架仅作参考，学生可以选用自己的设计方法）。

```
public class ArrayTest{
    // 定义 print 方法用来显示数组元素；
// 定义一个求数组中最大值的方法 getMax；
// 定义 一个求数组中最小值的方法 getMin；
// 定义一个将数组中偶数放入一个新数组的 evenArr 方法；
// 定义一个将数组中奇数放入一个新数组的 oddArr 方法；

  public static void main(String args[]){
  // 定义一个存放由计算机产生的 10 个随机数的数组 arr；
  // 调用 getMax 方法，将定义的 arr 数组作为参数；
// 调用 getMin 方法，将定义的 arr 数组作为参数；
// 调用 evenArr 方法，将定义的 arr 数组作为参数；
  // 调用 oddArr 方法，将定义的 arr 数组作为参数；
  }
}
```

2. Part 2

1）命名 StringTest 程序，定义一个称作 StringTest 的类。该程序实现的功能是：

➢ 让用户从键盘输入一句字符串；
➢ 程序将把第一个出现空格的位置以及将整句字符串中所有的空格数计算出来；
➢ 最后程序将整句字符串按字符逐个从最后一个位置到第一个位置反转显示出来。

2）这是输出结果的一个范例：

```
请输入一个句子：
My name is Yinfei!
在这个句子中有 3 个空格!
将该句句子反转后为：
! iefniY si eman yM
```

3）下面给出程序的框架，需要学生填入具体细节的代码（此框架仅作参考，学生可以选用自己的设计方法)。

```
public class StringTest{
        public static void main(String args[]) throws IOException{
            // 从键盘读入一行句子放入 str 字符串变量中;
            // 调用 NumberSpace(str)来求字符串中空格数;
                // 调用 InverseString(str)来将字符串反向输出;
        }

        // 定义 NumberSpace(String tempStr)方法;
        // 定义 InverseString(String tempStr)方法
}
```

3. Part 3

1) 定义一个称作 ServerException 的类以及几个称作 ServerTimeOutException 的继承了 Exception 的类。现在给出了程序源代码,要求学生读了源程序后,写一个小报告,它包括以下几点:

- 解释 ServerException 和 ServerTimeOutException 两个类的作用;
- 运行程序后,它的输出结果是什么?
- 如果在方法 connectMe 中,把(success = = -1)改为(success = = 1),又意味着什么?输出结果又是什么?

2) 这是类 ServerTimeOutException 的源程序:

```
public class ServerTimeOutException extends Exception {
        private String reason;
        private int port;
        public ServerTimeOutException (String reason, int port){
                this.reason = reason;
                this.port = port;
        }
        public String getReason(){
                return reason;
        }
        public int getPort(){
                return port;
        }
}
```

3) 这是类 ServerException 的源程序:

```
public class ServerException{
    public static void connectMe(String serverName) throws ServerTimeOutException{
        int success;
        int portToConnect = 80;
        success = -1; //open(serverName, portToConnect);
        if(success == -1){
      throw new ServerTimeOutException("Could not connect",80);
        }
    }
    public static void findServer(){
        try{
            connectMe("defaultServer");
        }catch (ServerTimeOutException e){
            System.out.println("Server timed out, trying
                        alternate");
            try{
                connectMe("alternateServer");
            } catch (ServerTimeOutException e1){
                System.out.println("No server currently
                            available");
                }
            }
        }
    public static void main(String args[]){
            findServer();
    }
}
```

A.8.4　实训报告格式

同实训 3 格式。

实训 9　综合实训

A.9.1　实训内容简介

本次实训要求学生通过整个学期 Java 课程的学习，能够独立开发小型 Java 项目。

有个客户想请我们学生为他们的图书馆的书籍管理开发一个称作 BookDB.java 的程序，以便他们可通过计算机来代替人工管理。要求做到以下几点：

- 增加一本书。
- 通过书本编号 ID 来查找书本。
- 通过该程序查找到某一本书时，可以修改该书籍的基本信息，或者可以删除该本书。

A.9.2　实训报告格式

同实训 3 格式。

实训 10　如何使用 Java API 帮助文档

A. 10. 1　实训内容简介

本次实训主要讲解如何使用 Java 中的 API 帮助文档。主要以介绍如何来查找到 Math 类中的 abs(double a)这个方法的使用说明为例,来讲解查询的步骤。

第一步　请先从这个网址 http://download.java.net/jdk/jdk-api-localizations/jdk-api-zh-cn/publish/1.6.0/chm/JDK_API_1_6_zh_CN.CHM 下载 API 帮助文档,并保存至本机:

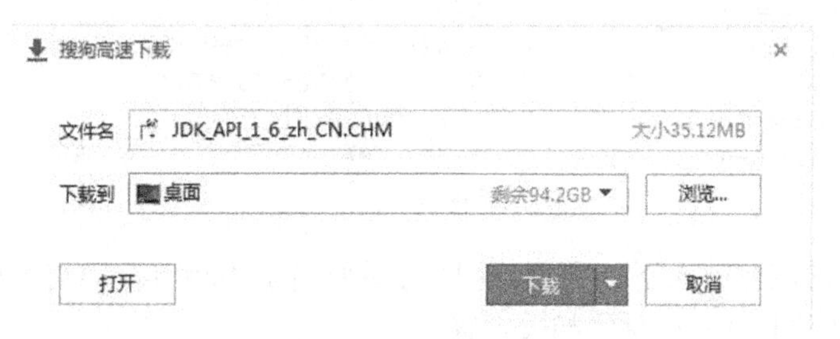

图 A-11

第二步　打开下载的该文件出现以下界面:

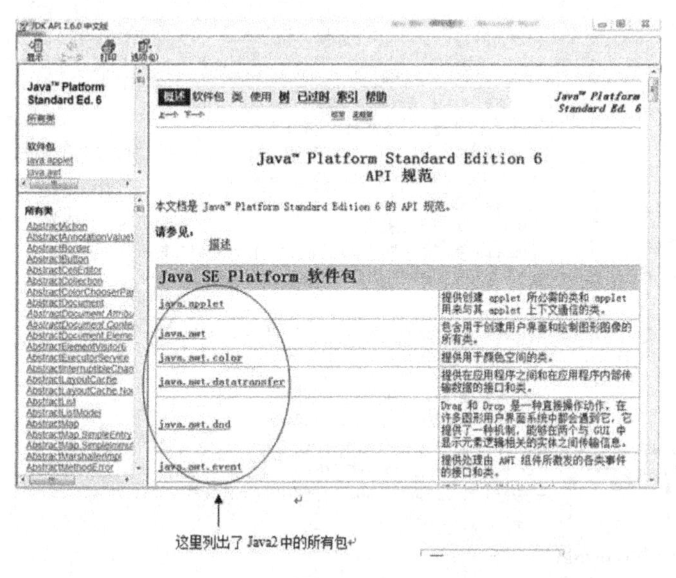

图 A-12

第三步 知道要找的abs(double a)这个方法所在的Math类在Java.lang这个包中，所以首先找到Java.lang这个包，如下所示：

Java 2 Platform 软件包	
java.applet	提供创建 applet 所必需的类和 applet 用来与其 applet 上下文通信的类。
java.awt	包含用于创建用户界面和绘制图形图像的所有类。
java.awt.color	提供用于颜色空间的类。
java.awt.datatransfer	提供在应用程序之间和在应用程序内部传输数据的接口和类。
java.awt.dnd	Drag 和 Drop 是一种直接操作操作，在许多图形用户界面系统中都会遇到它，它提 种机制，能够在两个与 GUI 中显示元素逻辑相关的实体之间传输信息。
java.awt.event	提供处理由 AWT 组件所激发的各类事件的接口和类。
java.awt.font	提供与字体相关的类和接口。
java.awt.geom	提供用于在与二维几何形状相关的对象上定义和执行操作的 Java 2D 类。
java.awt.im	提供输入方法框架所需的类和接口。
java.awt.im.spi	提供启用可以与 Java 运行时环境一起使用的输入方法开发的接口。
java.awt.image	提供创建和修改图像的各种类。
java.awt.image.renderable	提供用于生成与呈现无关的图像的类和接口。
java.awt.print	为通用的打印 API 提供类和接口。
java.beans	包含与开发 *beans* 有关的类，即基于 JavaBeans™ 架构的组件。
java.beans.beancontext	提供与 bean 上下文有关的类和接口。
java.io	通过数据流、序列化和文件系统提供系统输入和输出。
java.lang	提供利用 Java 编程语言进行程序设计的基础类。
java.lang.annotation	为 Java 编程语言注释设施提供库支持。
java.lang.instrument	提供允许 Java 编程语言代理监测运行在 JVM 上的程序的服务。

图 A-13

第四步 点击该包进入下一界面，这里主要列出了Java.lang这个包中的所有接口、类、异常、错误、枚举和注释类型等相关内容。

软件包 java.lang

提供利用 Java 编程语言进行程序设计的基础类。

请参见：
描述

接口摘要	
Appendable	能够被追加 char 序列和值的对象。
CharSequence	CharSequence 是 char 值的一个可读序列。
Cloneable	此类实现了 Cloneable 接口，以指示 Object.clone() 方法可以合法地对该类实例进行按字段复制。
Comparable<T>	此接口强行对实现它的每个类的对象进行整体排序。
Iterable<T>	实现这个接口允许对象成为 "foreach" 语句的目标。
Readable	Readable 是一个字符源。
Runnable	Runnable 接口应该由那些打算通过某一线程执行其实例的类来实现。
Thread.UncaughtExceptionHandler	当 Thread 因未捕获的异常而突然终止时，调用处理程序的接口。

类摘要	
Boolean	Boolean 类将基本类型为 boolean 的值包装在一个对象中。
Byte	Byte 类将基本类型 byte 的值包装在一个对象中。
Character	Character 类在对象中包装一个基本类型 char 的值。
Character.Subset	此类的实例表示 Unicode 字符集的特定子集。
Character.UnicodeBlock	表示 Unicode 规范中字符块的一系列字符子集。
Class<T>	Class 类的实例表示正在运行的 Java 应用程序中的类和接口。

java.lang 中类的显示区

图 A-14

第五步　在 Java. lang 中类的显示区中找到 Math 这个类。

类摘要	
Boolean	Boolean 类将基本类型为 boolean 的值包装在一个对象中。
Byte	Byte 类将基本类型 byte 的值包装在一个对象中。
Character	Character 类在对象中包装一个基本类型 char 的值。
Character. Subset	此类的实例表示 Unicode 字符集的特定子集。
Character. UnicodeBlock	表示 Unicode 规范中字符块的一系列字符子集。
Class<T>	Class 类的实例表示正在运行的 Java 应用程序中的类和接口。
ClassLoader	类加载器是负责加载类的对象。
Compiler	Compiler 类主要支持 Java 到本机代码的编译器及相关服务。
Double	Double 类在对象中包装了一个基本类型 double 的值。
Enum<E extends Enum<E>>	这是所有 Java 语言枚举类型的公共基本类。
Float	Float 类在对象中包装了一个 float 基本类型的值。
InheritableThreadLocal<T>	该类扩展了 ThreadLocal，为子线程提供从父线程那里继承的值：在创建子线程时，子线程会接收所有可继承的部变量的初始值，以获得父线程所具有的值。
Integer	Integer 类在对象中包装了一个基本类型 int 的值。
Long	Long 类在对象中封装了基本类型 long 的值。
Math	Math 类包含基本的数字操作，如指数、对数、平方根和三角函数。
Number	抽象类 Number 是 BigDecimal、BigInteger、Byte、Double、Float、Integer、Long 和 Short 类的超类。

Math 类

图 A－15

第六步　点击 Math 这个类，得到如下所示画面，在该页面上可以看到 Math 类中的所有成员变量和成员方法，其中也包括要找的 abs(double a)这个方法：

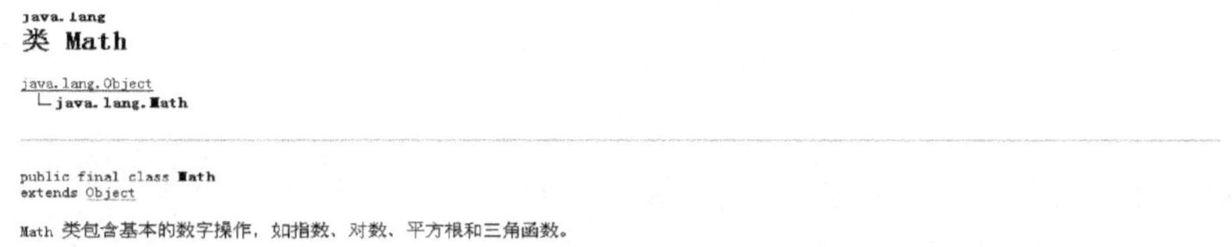

java. lang
类 Math

java. lang. Object
└ java. lang. Math

public final class Math
extends Object

Math 类包含基本的数字操作，如指数、对数、平方根和三角函数。

与 StrictMath 类的某些数值方法不同，并不是 Math 类的所有等效函数的实现都定义为返回逐位相同的结果。这一宽限允许在不要求严格可重复方实现更好的性能。

默认情况下，很多 Math 方法仅调用 StrictMath 中的等效方法来完成它们的实现。代码生成器鼓励使用特定于平台的本机库或者在可用的地方使理器指令，来提供对 Math 方法的更高性能的实现。这种更高性能的实现仍然必须遵守 Math 的规范。

实现规范的质量涉及两种属性，即返回结果的准确性和方法的单调性。浮点 Math 方法的准确性根据 *ulp* (units in the last place，最后一退位）来衡量。对于一个给定的浮点格式，特定实数值的 ulp 是将该数值括起来的两个浮点值的差。讨论方法的准确性是从整体上考虑的，而不具体的参数，引用的 ulp 数是为了考虑参数的最差情况的误差。如果一个方法的误差总是小于 0.5 ulp，则该方法始终返回最接近准确结果的浮这种方法就是*正确舍入*。一种正确舍入的方法通常能得到最佳的浮点近似值，然而，对于很多浮点方法来说，进行正确的舍入有些不切实际。相于 Math 类来说，有些方法允许误差在 1 或 2 ulp 的范围内。在非正式情况下，对于 1 ulp 的误差范围，当准确结果是可表示的数值时，应该算结果返回准确结果；否则，返回将准确结果括起来的两个浮点值。对于值很大的准确结果，括号的一端可以是无穷大。除了个别参数的准确性维护不同参数的方法之间的正确关系也很重要。因此，大多数误差大于 0.5 ulp 的方法都要求是*半单调的*：只要数学函数是非递减的，浮点近似非递减的；同样地，只要数学函数是非递增的，浮点近似值就是非递增的。不是所有准确性为 1 ulp 的近似值都能自动满足单调性要求。

从以下版本开始：
JDK1.0

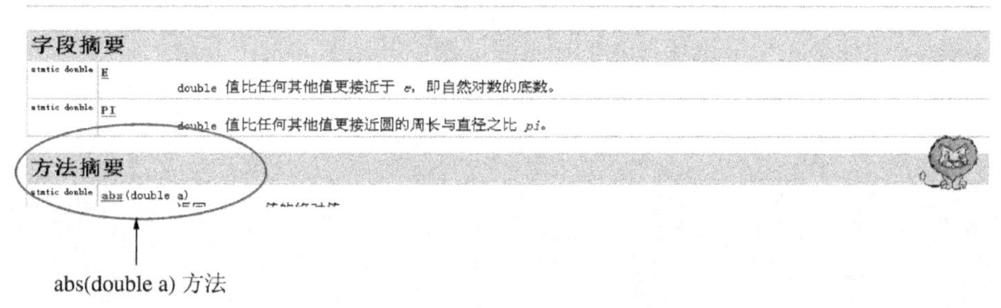

图 A－16

第七步 请点击该方法，就进入了这个方法的详细介绍页面。

abs

public static double **abs**(double a)

返回 double 值的绝对值。如果参数是非负数，则返回该参数。如果参数是负数，则返回该参数的相反数。特殊情况是：

- 如果参数是正零或负零，那么结果是正零。
- 如果参数是无穷大，那么结果是正无穷大。
- 如果参数是 NaN，那么结果就是 NaN。

换句话说，结果等于以下表达式的值：

```
Double.longBitsToDouble((Double.doubleToLongBits(a)<<1)>>>1)
```

参数：

a - 要确定绝对值的参数。

返回：

参数的绝对值。

图 A-17

到这里已经学会了怎么使用 API 文档来帮助你编写程序，恭喜你！

A.10.2 练习

请使用刚才所学的步骤来查找 Java.util 包下类 Arrays 下面的 sort(int[] a)这个方法，并请根据该方法的介绍来编程实现该方法！

A.10.3 实训报告格式

同实训 3 格式。

附录　模拟试题

第一套　模拟试题

一、算法题(共 10 分)

请你用流程图法来写出求 1～100 之间所有整数的平均值的算法。

二、程序理解题(每题 6 分,共 30 分)

1. 请你写出执行以下语句后的输出结果:

```
int x = 100;
while ( x >= 10) {
    x = x / 2;
    System.out.print(x + " ");
}
```

2. 请你写出执行以下代码后的输出结果:

```
int numbers [ ]={5, 2, 4, 0, 4, 3};
int i=0;
do{
  System.out.println(numbers[i]);
  i++;
}while (i<numbers.length);
```

3. 以下是一个名为 printValue 的方法:

```
public void printValue( int x){
    if (x < 10) {
        System.out.println(" 1: " + x);
        x = x * 2;
    }
    if (x < 15) {
        System.out.println(" 2: " + x);
        x = x + 10;
```

```
        }
    else {
        System.out.println(" 3: " + x);
        x = 20;
    }
    System.out.println("4: " + x);
}
```

(1) 请你写出执行 printValue(20)后的输出结果;(3 分)

(2) 请你写出执行 printValue(3)后的输出结果;(3 分)

4. 请写出执行以下代码后的输出结果:

```
for( intk = 10; k <19; k = k + 2){
    System.out.println("k = " + k);
    }
System.out.println("Done");
```

5. 请写出执行以下代码后的输出结果:

```
intx = 2, y = 4;
y = y + 1;
x = y;
System.out.println("x=" + x + " y=" + y + " " + (x - y));
y = x;
y = y + 1;
System.out.println("x=" + x + " y=" + y);
```

三、简答题(共 25 分)

请先阅读如下程序,然后回答问题:

```
public class TutorHours{
    public static void main(String[] args) {
        Tutor t1 = new Tutor("Peter", 10);
        Tutor t2 = new Tutor("Lisa", 40);
        t1 . printPay ();
        t2 . printPay ();
        t1 . addHours(6);
        System.out.println(t1 . getHours());
        System.out.println(t2 . getName()+ " " t2.getHours());
```

```
    }
}
classTutor {
    privateString name;
    privatedouble hours;
    publicTutor(String n, double m) {
        name = n;
        hours = m;
    }
    publicTutor(){ }
    publicString getName() {
        return name;
    }
    publicdouble getHours(){
    return hours;
    }
    public void addHours(double d) {
        hours =hours + d;
    }
    public void printPay(){
        System.out.println("Name: " + name);
        System.out.println("Pay: $" + hours _ 20);
    }
}
```

(a) 写下该程序中声明过的类的类名;(4 分)

(b) 写下该程序中声明过的方法的方法名(包括构造方法);(4 分)

(c) 写下在该程序中被声明的数据成员变量名;(4 分)

(d) 写下该程序中用到的局部变量名;(4 分)

(e) 写下该程序中用到的所有数据类型;(4 分)

(f) 请写出运行 TutorHours 类中 main 方法后的输出结果。(5 分)

四、改错题(每错 2 分,共 14 分)

仔细阅读以下两个类,请指出在编译时哪些语句可能会出错。指出这些出错的语句并加以纠正。

```
L1: public class Demo{
L2: public int x;
L3: public int y;
L4: private int z;
L5: public void setZ (int z1){
```

```
L6: z = z1;
L7: }
L8: private void getZ(){
L9: return z;
L10: }
L11: public intget(){
L12: return getZ();
L13: }
L14: }
L15: public class Access{
L16: public static void main (string args[]){
L17: Demo demo = new Demo();
L18:demo. x = 3;
L19:demo. y = 5;
L20:demo. z = 8; //对 Demo 类中的属性 z 设置值
L21:System. out. println("x="+demo. x+" y="+demo. y+" z=+demo. get);
L22}
```

五、编程题(共 21 分)

1. 编写一个可以实现打印图案的通用方法,方法名为 drawPicture,该方法带有一个整型类型的参数,该参数表示第一行打印"＊"号的个数,每行打印"＊"的个数依次递减,直到打印到一个"＊"为止。比如调用 drawPicture(4)得到如下图案:(10 分)

```
* * * *
* * *
* *
*
```

2. 编写一个用于描述鞋子的类 Shoe,满足如下要求:(11 分)

- 从该类创建的对象应该包含两个属性,分别为牌子(brand)和尺寸(size);
- 牌子的类型为 String,尺寸的类型为整型,用来指明鞋子的大小;
- 该类包含了一个构造方法,通过构造方法带有的两个参数来设置两个属性的值;
- 该类还包含了一个不带参数的方法 toString,调用该方法可以返回一个包含鞋子牌子和尺寸的字符串信息。

第二套　模拟试题

一、算法题(共 10 分)

1. 请你用流程图法写出判断某整数 n 是否为质数的算法。(质数的定义:在一个大于 1 的自然数中,除了 1 和此整数自身外,没法被其他自然数整除的数。)

2. 请用流程图法求出给定的某个三位整数 n 是否是水仙花数的算法。(判断一个数是否是水仙花数的条件是该整数各位数的立方和是否等于该整数本身。比如 $153=1^3+5^3+3^3$,所以 153 称为水仙花数。)

二、程序理解题(每题 5 分,共 25 分)

1. 请你写出执行以下语句后的输出结果:

```
int x = 1;
while ( x<=17) {
     x = x * 2;
     System.out.print(x + "");
}
```

2. 请你写出执行以下代码后的输出结果:

```
String x = "Ex";
String y = "Why";
String temp = x;
x = y;
y = temp;
x = x + x;
String z = y + "Zed" + x;
System.out.println("x=" + x);
System.out.println("y=" + y);
System.out.println("z=" + z);
```

3. 以下是一个名为 middle 的方法,请你写出表达式 middle(3,8,6)的值:

```
ublicint middle(int a, int b, int c){
     if (a<b && b < c)
          return b;
     else if (a<b && c<b)
          return c;
     else
          return a;
}
```

4. 请写出执行以下代码后的输出结果：

```
for(inti = 1; i<= 3; i++){
System.out.println(i);
}
```

5. 请写出执行以下代码后的输出结果：

```
int x = 2;
do{
++ x;
}while(x<5);
System.out.println(x);
```

三、选择题(每题 2 分,共 10 分)

1. 下面(　　)不是 Java 的访问修饰符关键字。

A. private　　B. friend　　C. protected　　D. public

2. 当 x=2,表达式 x>2 && x<2 运算后 x 的值为(　　)。

A. 1　　B. true　　C. false　　D. 都不是

3. 下面的标识符(　　)是不正确的。

A. there　　B. 8it　　C. _2Tom　　D. $num

4. 二进制数 100001 的对应十进制数是(　　)。

A. 30　　B. 31　　C. 32　　D. 33

5. 假设有：

String s1="Tom";

String s2=new String ("Tom");

下面表达式的结果为 true 的是(　　)。

A. s1==s2　　B. s1.equals(s2)　　C. s2==s1　　D. s1.compareTo(s2)

四、简答题(共 25 分)

请先阅读如下程序,然后回答问题：

```
class Item {
    privateint x, y;
    public Item(int m, int n) {
        x = m;
        y = n;
    }
    publicint first ( inti ) {
        x = x + i ;
```

```
        return x;
    }
    publicint second() {
        return 2 * y;
    }
}
public class TestObjects {
    public static void main(String[] args) {
        Item a = new Item(2, 4);
        Item b = new Item(3, 6);
        Item c = new Item(5, 7);
        System.out.println("A: " + a.second());
        System.out.println("B: " + a.first (5));
        System.out.println("C: " + a.first (3));
        System.out.println("D: " + b.first (2));
        System.out.println("E: " + b.second());
        System.out.println("F: " + c.second());
        System.out.println("G: " + (a.second() + b. first (3)));
        Item[] allItems = new Item[10];
        int count = 0;
        allItems [count]= new Item(10, 20);
        count++;
        allItems [count]= b;
        count++;
        allItems [count]= new Item(5, 10);
        count++;
```

(a) 写下该程序中声明过的类的类名;(4 分)

(b) 写下该程序中声明过的方法的方法名(包括构造方法);(4 分)

(c) 写下在该程序中被声明的数据成员变量名;(4 分)

(d) 写下该程序中用到的局部变量名;(4 分)

(e) 写下该程序中用到的所有数据类型;(4 分)

(f) 请写出运行 TutorHours 类中 main 方法后的输出结果。(5 分)

五、改错题(共 10 分)

仔细阅读以下程序,请指出在编译时哪些语句可能会出错,并加以纠正。(该程序实现了从键盘上输入一行字符串后找出第一个空格的位置及句子中空格的总数。)

```
L1：public class StringTest{
L2：    public static void main(String args[]){
L3：        String str;
L4：        InputStreamReaderir=new InputStreamReader(System.in);
L5：        BufferedReader in=new BufferedReader( );
L6：        System.out.println("Please enter the sentence：");
L7：        str=in.readLine();
L8：        NumberSpace(str);
L9：    }
L10：    public static void NumberSpace(String tempStr){
L11：        boolean flag=false;
L12：        intnumberSpace，spacePos;
L13：        for (inti=0;i<tempStr.Length; ){
L14：            if ((tempStr.charat(i))='')){
L15：                if (flag){
L16：                        spacePos=i;
L17：                        flag=true;
L18：                }
L19：                numberSpace=+1;
L20：            }
L21：        }
L22：System.out.println("\nThe first space occured in this sentence is :"+spacePos);
L23：System.out.println("\nThere are "+numberSpace+" spaces in this sentence!");
L24：  }
L25：}
```

六、编程题(每题 10 分,共 20 分)

1. 编写程序代码,求 5 个随机数的平均值。(提示:使用 Math 类中的静态方法 random()可以产生一个 0～1 之间的随机数。)(10 分)

2. 设计一个通用类 Calculator,用于对两个整数执行加、减、乘、除的操作,这些操作要求在类的方法中实现。这四种操作的方法名分别为 add、minus、multiple、和 divide,四种运算的操作数作为参数进行传递。(10 分)

参考文献

1. Joyce Farrell, *Java Programming*: *Comprehensive*, Course Technology, Cambridge, MA, 1999.
2. Sun Microsystems, Inc., *Java Programming*. Sun Microsystems, California, USA, 1998.
3. Sun Microsystems, Inc., *Java Programming for Non-Programmers*. Sun Microsystems, California, USA, 2000.
4. Sun Microsystems, Inc., *The Java Tutorial*. http://java.sun.com/javase/reference/tutorials.jsp, 2006-2-18
5. 贾振华主编,黄荣盛,贾振旺副主编. Java 语言程序设计. 北京:中国水利水电出版社,2004
6. 王克宏主编,郝建文副主编. Java 技术教程(基础篇). 北京:清华大学出版社,2002
7. 耿祥义,张跃平编著,王克宏主审. JAVA2 实用教程(修订). 北京:清华大学出版社,2001
8. 王克宏主编,柳西玲,丁峰编著. JAVA 技术教程(中级篇). 北京:清华大学出版社,2003
9. 姚晓春,郑文清等编著. JAVA 编程技术教程. 北京:清华大学出版社,1999
10. Stephen R. Davis 著. 学习 Java 编程. 北京:科学出版社,1998
11. Leszek A. Maciaszek 著. 需求分析与系统设计. 北京:机械工业出版社,2003.5
12. Marcus Fontoura, Wolfgang Pree, Bernhard Rumpe. 框架体系结构的 UML 档案. 北京:机械工业出版社,2003
13. 吴文虎. 程序设计基础. 北京:清华大学出版社,2003
14. 李发致编著. Java 面向对象程序设计教程. 北京:清华大学出版社,2004
15. Jim Arlow, Ila Neustadt. UML 和统一过程 实用面向对象的分析和设计. 北京:机械工业出版社,2003
16. Cay S. Horstmann, Gary Cornell. Java2 核心技术 卷Ⅰ:基础知识. 北京:机械工业出版社,2003
17. 叶核亚,陈立编著,廖雷主审. Java2 程序设计实用教程. 北京:电子工业出版社,2003
18. 苏洋编著. Java 语言实用教程. 北京:北京希望电子出版社,2003
19. 姚晓春,郑文清等编著. Java 编程技术教程. 北京:清华大学出版社,1999
20. 邵光亚,韶丽萍编著. Java 语言程序设计. 北京:清华大学出版社,2003